高等学校**电气工程及其自动化专业**应用型本科系列规划教材

电力系统综合自动化实训/实验指导书

主 编 胡 敏 宋乐鹏 马 伟

U0299390

重庆大学出版社

内容提要

本书主要以 FULKE 实验仪器、发电厂变电站虚拟仿真软件以及风光互补设备为基础,内容分为实验和实训两大部分。实验部分是针对电能质量分析仪及新能源风光互补设备进行编写的。其中实验一到实验四是电能质量参数的验证性实验,实验五到实验七是电能质量控制的综合设计性实验。实验八到实验十是利用风光互补设备熟悉相应特性与参数的验证性实验。实训篇主要由两个实训任务组成。实训一利用虚拟仿真设备模拟 600 MW 的火电机组及 220 kV 的变电站进行操作;实训二在风光互补设备中利用 PLC 编程进行操作。

本书原理阐述简明扼要,实验方法突出、可操作性强,适用于高等学校电力工程类师生使用,也可供应用型类本科及高职高专类电气工程类,以及相关专业类师生使用,同时还可作为非电气行业(如热动专业、新能源专业等)初学者、部分电气从业人员的岗前培训教材和学习参考用书。

图书在版编目(CIP)数据

电力系统综合自动化实训/实验指导书/胡敏,宋乐鹏,马伟主编. 一重庆:重庆大学出版社,2016.9
高等学校电气工程及其自动化专业应用型本科系列规划教材
ISBN 978-7-5624-9975-6

Ⅰ.①电… Ⅱ.①胡…②宋…③马… Ⅲ.①电力系统—自动化—高等学校—教学参考资料 Ⅳ.①TM76

中国版本图书馆 CIP 数据核字(2016)第 158174 号

电力系统综合自动化
实训/实验指导书

主　编　胡　敏　宋乐鹏　马　伟
副主编　余德均　许弟建　张海燕　罗　平
策划编辑:周　立

责任编辑:文　鹏　　版式设计:周　立
责任校对:关德强　　责任印制:赵　晟

*

重庆大学出版社出版发行
出版人:易树平
社址:重庆市沙坪坝区大学城西路 21 号
邮编:401331
电话:(023)88617190　88617185(中小学)
传真:(023)88617186　88617166
网址:http://www.cqup.com.cn
邮箱:fxk@ cqup.com.cn(营销中心)
全国新华书店经销
重庆华林天美印务有限公司印刷

*

开本:787mm×1092mm　1/16　印张:10　字数:250千
2016 年 9 月第 1 版　　2016 年 9 月第 1 次印刷
印数:1—2 000
ISBN 978-7-5624-9975-6　定价:25.00 元

前言

本书是综合了电气工程专业及能源与动力专业中《电力工程》《电力系统自动化》《发电厂变电站电气设备》《电能质量及控制技术》《供配电技术》《新能源风光互补技术》《电力电子技术》《测控技术》等专业课程,编写出来的相关实验及实训教材,可以适应目前的普通型本科院校、应用型本科院校及高职高专学校的教学需求;同时也可作为本科院校及高职高专院校进行课外比赛设计的参考书籍。

实验及实训教学是高等理工科学校的主要环节之一,它在培养学生的实际操作、分析和解决问题的能力方面起着极其重要的作用;实训课程还肩负着综合运用所学基础和专业知识、培养学生学习创造能力的重任。

本实验指导书主要包括实验和实训两大部分。实验部分针对电能质量分析仪及新能源风光互补两种设备进行编写,主要内容是利用电能质量分析仪进行不同电力电子回路的测试分析,利用电能质量分析仪与专用模拟电路板相结合进行各种电能质量现象的实验分析;利用 MATLAB 软件进行综合设计性实验;在新能源部分主要是利用风光互补设备观察与熟悉相应的特性和参数。实训部分是利用虚拟仿真软件模拟 600 MW 的火电机组及 220 kV 的变电站,通过现场过程的模拟操作,让学生熟悉电力系统在正常及故障状态下各种开关设备的使用过程;实训部分的内容还包括利用风光互补设备中逆变及测试等电力电子相关技术进行 PLC 编程控制。

本实验指导书提供多种实验或实训项目。每个项目的内容多少不一,有些编写得比较详细,有的比较简略,这便于因材施教,项目内容较多的可以选做其中一部分;另外,在实验或实训课中可将若干部分实验内容组合成一个课题深入研究,充分发挥学生在科学实践方面的主动性和创造能力,充分结合应用型本科教学要求"实际与理论相结合"的教学原则,提高教师实验教学水平和质量。

本书实验篇中,实验一到实验三由重庆科技学院马伟编写,实验五到实验十由重庆科技学院宋乐鹏、朱建渠编写;实训篇中,实训一由重庆科技学院胡敏、张义辉、严利、许第建、庄凯编写,实训二由重庆大学城市科技学院罗平编写,实训三由重庆能源职业学院余德均编写,实训四由重庆电力高等专科学校熊隽迪编写;附录由重庆科技学院胡敏、张海燕编写。全书由胡敏、张海燕统稿,由重庆科技学院官正强教授主审。

本实验指导书图片丰富,内容实用,在编写过程中,凝聚了许多同仁的辛勤汗水,相关学校电气工程以及能源专业的同仁们也提出不少改进意见,在此表示衷心的感谢。此外,在编写过程中曾引用若干参考文献及互联网上的素材,编者们在此谨向文献的作者与网络素材提供者致谢。由于编写者水平有限,加之时间仓促,错误和不足之处在所难免,敬请读者指正。

编　者

2016 年 3 月

目录

附 录

实验篇

实验一
二极管整流电路谐波检测实验

一　实验目的

(1)了解和掌握二极管整流电路的工作过程;

(2)了解和掌握二极管整流电路的电容和电阻对电能质量的影响。

二　实验原理

常用的二极管整流电路输入电压为交流电,经过二极管整流和直流电容滤波得到脉动很小的直流电压。在本次实验中,为了便于实验,负载使用功率电阻。实验使用的二极管整流电路如实验图 1.1 所示。交流电压源 AC 提供交流电源,经过 VD$_1$-VD$_4$ 四个二极管整流后,再经过电容 C 滤波。由于本实验的目的在于分析电容对电能质量的影响,所以应当使得交流电压源 AC 的电流为非正弦脉冲波。这样就规定了整流电路的时间常数(电阻 R 和电容 C 之乘积)比交流电压源的周期大,即

$$RC \geq T$$

式中,T 为交流电压源的周期。一般要使得时间常数为交流电压源周期的数十倍。此时电容两端的电压为脉动很小的直流电压,二极管只在交流电压峰值附近才导通,只有在二极管导通时,交流电压源 AC 才输出电流。交流电压源 AC 的电压和电流波形示意图如实验图 1.2 所示。图中实线为电压,虚线为电流。此时电压为正弦波而电流为非正弦波,所以功率因数比 1 小。

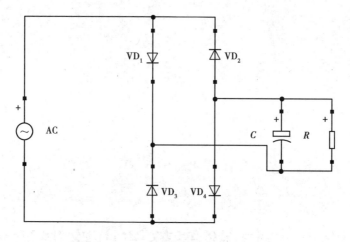

实验图 1.1　二极管整流电路接线图

通过实验室的电能质量分析仪来测量电路的功率因数,需要同时测量交流电压和电流,根据仪器的选项选择测量功率因数,得到功率因数的数值。同时还可观察电压和电流的实际波形,并把它们和实验图 1.2 中的波形进行比较。

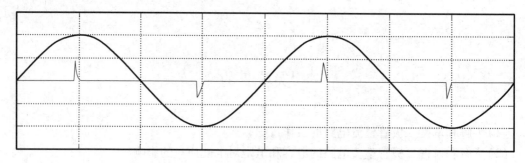

实验图 1.2　交流电压源输出电压和电流示意图

三　实验内容与步骤

1. 观察和测量电容对功率因数的影响

在实验中,电容对功率因数有很大影响。电容和电阻之乘积决定了时间常数,而时间常数的变化会引起交流电压源输出电流的变化,进一步影响功率因数。

首先把仪器和二极管整流电压连接,观察整流电路中的交流电压源 AC 的电压和电流,调整电容 C 的数值,使得时间常数为交流电压源 AC(50 Hz)的周期 T 的 10%、50%、100%、200% 和 1 000%。观察交流电压源 AC 的电压和电流波形,记录功率因数于实验表 1.1 中。

实验表 1.1　电容 C 对功率因数的影响

电容 C					
时间常数					
功率因数					

2. 观察和测量电阻对功率因数的影响

按第一步的方法进行操作,只是将其中的电容 C 改成电阻 R。记录各数据于实验表 1.2 中。将第一步的结果与第二步进行比较和分析。

实验表 1.2　电阻 R 对功率因数的影响

电阻 R					
时间常数					
功率因数					

四　实验报告要求

(1)整理实验数据,找到电容和电阻的变化对功率因数影响的趋势,并对实验结果进行理论分析。

(2)比较电容和电阻变化时交流电压源 AC 的输出电压和电流的波形图。

五　思考题

(1)时间常数对功率因数的趋势怎样?

(2)电容 C 的电压频率是多少?

实验二
功率因数校正电路谐波测量实验

一　实验目的

（1）了解和掌握功率因数校正电路的工作过程；

（2）了解和掌握功率因数校正对电能质量的影响。

二　实验原理

实验一的二极管整流电路中，由于交流电压源输出的电流为非正弦波，所以电路功率因数比 1 小。为了提高功率因数，在二极管之后接入功率因数校正电路。一种广泛使用的 Boost 功率因数校正电路如实验图 2.1 所示。这个电路在整流二极管和负载之间增加了电感 L、二极管 VD 和功率 MOSFET 管 S 这几个元件。电感的特点在于流过它的电流不能突变，功率因数校正电路利用了电感的这个特点。在实验图 2.1 中的控制电路作用下，功率 MOSFET 管 S 经过适当的导通和关断过程，在电感 L 中流过的电流轮廓成为和交流电压源同频率、同相位的正弦波形，波形示意图如实验图 2.2 所示。电感 L 的电流就是交流电压源的电流，由于它和电压同频率同相位，因此电路的功率因数得到了提高，一般情况下这个电路的功率因数非常接近 1。

通过实验室的电能质量分析仪来测量电路的功率因数和 THD,根据仪器的选项选择测量功率因数，得到功率因数的数值。同时还可观察电压和电流的实际波形，并把它们和实验图 2.2 中的波形进行比较。

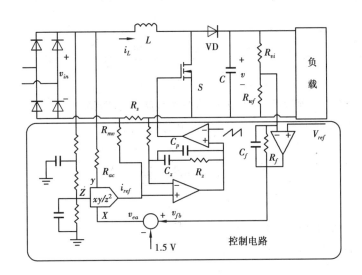

实验图 2.1　功率因数校正电路示意图

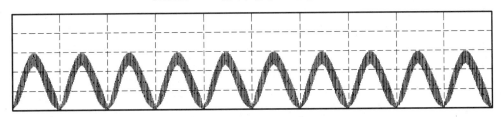

实验图 2.2　电感电流示意图

三　实验内容与步骤

1. 测量功率因数和 *THD*

在实验图 2.1 所示的电路中,电容 C 对功率因数有很大影响,调节 C 可以改变功率因数和 *THD*。首先把仪器和功率因数校正电路连接,观察交流电压源的电压和电流,调整电容 C 取值,把功率因数和 *THD* 记录于实验表 2.1 中。

实验表 2.1　电容 C 对功率因数的影响

电容 C					
功率因数					
THD					

2. 观察电压和电流波形

观察电容 C 取不同值的情况下交流电压源电压和电流波形,预判功率因数的变化趋势,并和仪器测得的功率因数比较。

四　实验报告要求

（1）整理实验数据，找到电容的变化对功率因数影响的趋势。
（2）比较电容变化时交流电压源电压和电流的波形图。

五　思考题

（1）电容 C 如何影响功率因数？
（2）电感电流的频率是多少？

实验三
晶闸管整流电路谐波检测实验

一　实验目的

(1)了解和掌握晶闸管整流电路的工作过程；

(2)了解和掌握晶闸管整流电路触发角对电能质量的影响。

二　实验原理

本实验采用实验室已有的晶闸管整流电路,它是一个三相整流电路,如实验图 3.1 所示,由晶闸管 VT_1—VT_6 对三相电源进行整流。最简单的情况下,负载是阻性负载。

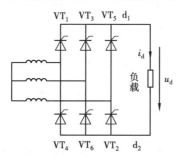

实验图 3.1　三相晶闸管整流电路接线图

根据所学的知识,晶闸管需要触发脉冲才能工作,本实验设备面板有调节触发角的旋钮。根据三相晶闸管整流电路工作原理,没有触发脉冲时,晶闸管不导通,负载电阻当中没有电流,两端电压为零;有合适的触发脉冲时,晶闸管导通,电流流过晶闸管和负载电阻。触发角60°时负载电阻的电压示意图如实验图3.2所示。三相电源输出电流和电阻电压波形类似,因此不是正弦波的电流导致功率因数较低。

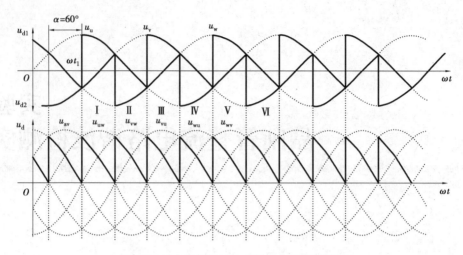

实验图 3.2　晶闸管整流电路输出电压示意图

三　实验内容与步骤

首先把仪器和晶闸管整流电路连接,测量晶闸管整流电路中的三相交流电压源的电压和电流,实验图 3.3(a)为测量 B 相电压和电流接线示意图。测量三相电压的接线如实验图 3.3(b)所示。改变触发角的大小,记录每个触发角相应的功率因数和 THD 填写于实验表 3.1中。

实验表 3.1　触发角 α 对功率因数的影响

触发角 α						
功率因数						
THD						

四　实验报告要求

(1)整理实验数据,总结触发角的变化对功率因数的影响,并对实验结果进行理论分析。

(2)比较三相交流电压源的输出电压和电流的波形图。

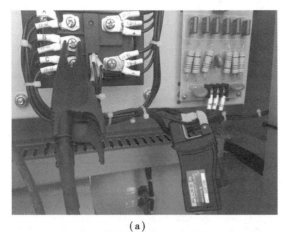

（a）

（b）

实验图 3.3　晶闸管整流电路测试示意图

五　思考题

（1）触发角如何影响功率因数？

（2）如果负载为电感和电阻串联，功率因数会怎么变化？

实验四
典型电能质量现象模拟测试实验

一 实验目的

(1)掌握电能质量中各种现象的特点;

(2)掌握电能质量中波形、矢量及频谱的分析方法。

二 实验原理

使用 PQ demo 板与电能质量分析仪结合。利用 PQ 板上的按钮装置模拟 3 次谐波,电压三相不平衡以及电压中断等电能质量问题,同时利用电能质量分析仪对其进行波形、矢量及频谱的分析与观测。

三 实验内容与步骤

(1)将电能质量分析仪与 PQ demo 板进行接线,保证分析仪与 demo 板处于断电状态,如实验图 4.1 所示。

实验图 4.1 电能质量分析仪与 PQ demo 板的接线图

（2）将分析仪电源键打开，按 F5 键进入实验图 4.2 所示的操作界面选取接线方式，并同时设置好频率及电压等相关参数，如实验图 4.3—4.9 所示。

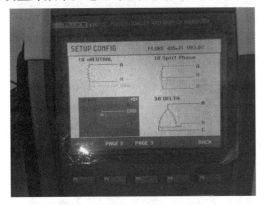

实验图 4.2　三相接线界面图

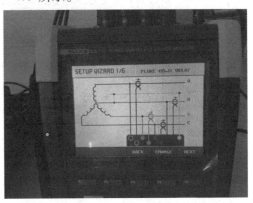

实验图 4.3　三相接线示意图

实验图 4.4　频率界面图

实验图 4.5　电压界面图

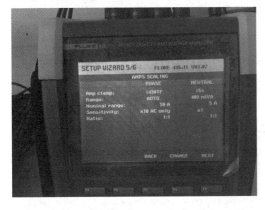

实验图 4.6　参数界面图

实验图 4.7　线圈变比图

（3）电压中断（暂降）实验。调整电压电流的增益按键（GAIN），并按中断按键（INTER-UPT），进行电压中断实验。实验过程波形如实验图 4.10—4.13 所示。

（4）3 次谐波电流分析实验。进入实验图 4.8 所示的界面选中谐波选项，调整按键 3rd Harmonics 这个挡，整个过程如实验图 4.14—图 4.15 所示。

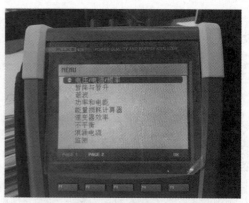

实验图4.8　参数设置确认图　　　　　　　实验图4.9　项目选择界面图

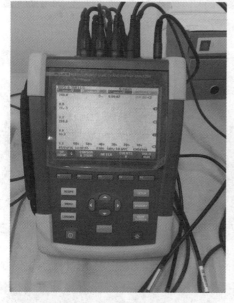

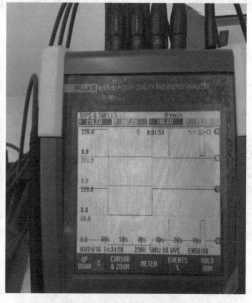

实验图4.10　电压中断实时记录界面　　　　实验图4.11　电压中断实时波形图

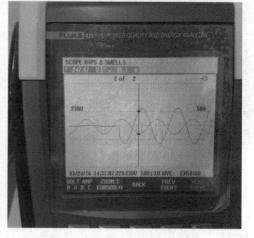

实验图4.12　电压中断实时波形图(右)　　实验图4.13　电压中断实时波形图(左)

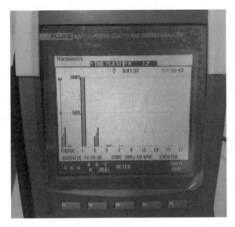 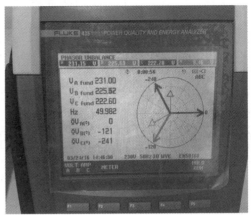

实验图4.14　三次谐波频谱界面图　　　　实验图4.15　三次谐波矢量界面图

（5）电压三相不平衡实验。进入实验图4.8所示的界面选中不平衡选项,调整按键 UN-BALANCE 栏挡,整个实验过程如实验图4.16—4.17所示。

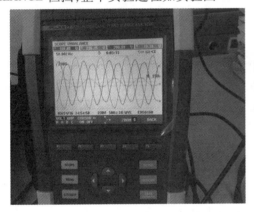 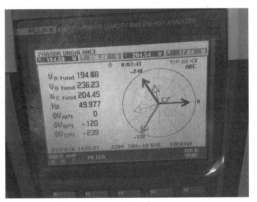

实验图4.16　电压不平衡波形界面图　　　　实验图4.17　电压不平衡矢量界面图

（6）根据实验过程,观看波形,并书写实验报告。

四　实验报告要求

（1）对本实验涉及的三种电能质量问题的现象进行观察分析。

（2）比较问题前后的电能质量波形及矢量图。

五　思考题

（1）描述电能质量的参数有哪些?

（2）电能质量问题包括哪些现象?

实验五
系统故障对电能质量影响的仿真设计

一 设计目的

(1)熟悉 MATLAB 仿真软件中 SIMULINK 各元件模型的选用及参数设置方法;

(2)掌握电力系统 MATLAB 仿真分析的方法和步骤;

(3)熟悉各种故障对电能质量的影响。

二 设计要求

(1)用 MATLAB/Simulink 自行搭建一个电力系统模型(单级或多级)。

(2)设置一种故障,可自行选择。短路故障包括单相接地、两相短路、两相接地短路、三相短路;一相或者两相断线。

(3)观察电流电压波形,思考其他故障可能出现的现象。

三 设计参考电路

电力系统模型可参考实验图 5.1,其中包括系统电源、测量元件、电力线路和系统负荷等模块。参数自行设计。

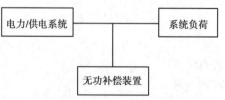

实验图 5.1 实验参考框图

四　设计报告要求

（1）输出仿真波形，说明所选故障对整个电能质量的影响，并对实验结果进行理论分析。

（2）比较故障前后电流及电压波形的不同，说明电能质量的重要性。

实验六
无功补偿对电能质量影响的仿真设计

一　设计目的

(1)掌握改善电能质量的方法；

(2)掌握利用无功补偿装置改善电能质量的方法；

(3)掌握利用 MATLAB 软件中的 SIMULINK 来分析和解决问题的方法。

二　设计要求

(1)用 MATLAB/Simulink 自行搭建一个电力系统模型(单级或多级)。

(2)设置一种无功补偿装置,可自行选择。该装置包括并联电容器组、无源滤波器、有源滤波器、串联补偿器等多种形式。

(3)观察电流电压波形,并思考其他补偿装置可能出现的补偿结果。

三　设计参考电路

由于配电网中含有大量的感性无功负荷,还有感性变压器等,会使得功率因数降低,同时会使得电能质量受到很大的影响。因此,可考虑在低压侧加装无功补偿装置,以达到提高电能质量的目的。其系统的接线示意图如实验图 6.1 所示。

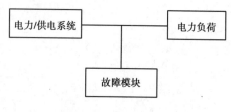

实验图 6.1　实验参考框图

四　设计报告要求

（1）输出仿真波形，说明所选无功补偿装置对整个电能质量的影响，并对实验结果进行理论分析。

（2）比较补偿前后电流及电压波形的不同，说明无功补偿对电能质量的重要性。

实验七
电流/电压谐波的数学方法仿真设计

一 设计目的

(1) 掌握数学分析谐波的方法；

(2) 掌握利用 MATLAB 软件分析和解决问题的方法。

二 设计要求

(1) 用 MATLAB/Simulink 自行搭建一个谐波源模型(可由电源直接构成,也可由电力电子电路构成)。

(2) 设置数学分析方法,可自行选择。该数学方法包括傅里叶变换、短时傅里叶变换、矢量变换、小波变换、人工神经网络分析方法等多种。

(3) 观察分解前后的电流/电压波形,并思考其他数学方法应用的优缺点。

三 设计参考思路

数学分析方法已经在电能质量领域中得到广泛应用,主要的分析方法可分为时域分析、频域分析和基于数学变换的分析三种。本设计实验主要基于数学方法分析。

实验图 7.1 实验参考框图

四　设计报告要求

（1）输出仿真波形，说明所选的方法在分析谐波中的优缺点，并思考其他方法可能的优缺点。

（2）比较数学分析方法前后各次电流及电压波形的不同，说明数学方法对谐波分析的重要性。

实验八
太阳能跟踪系统能量转换实验

一　实验目的

太阳东升西落,春夏秋冬四季的最强日照位置各不相同。要想高效率地使用太阳能发电,就需要跟随日照位置的变化,让光伏电池板进行自动跟踪,让光伏电池板充分吸收光照能量。通过光伏电池板可将太阳能转换为电能,但是发出的电是不稳定的直流电,不能直接使用,需要对其进行转换为人们所需要的能量。了解外部环境对光伏电池的影响,可以帮助我们更好地利用光伏电池转换能量,提高光伏电池的发电效率。

二　实验模块

模拟光源、光伏电池板(两块串联)、光伏发电模块、直流负载模块、DC/DC 两模块、充电管理、蓄电池组、直流 24 V 稳压源。

三　实验原理

当模拟光源开启时,光学传感器接收到光照信号,它将该信号输入 PLC。经过程序控制继电器,继电器将信号传给二维电机,电机根据输入的信号做"顺转""逆转""左仰""右仰"运动,从而达到太阳能电池板追日的效果。大致框图如实验图 8.1。

光伏系统包括太阳能电池组件、蓄电池、充电控制器和逆变器等主要部件。首先把太阳光辐射能量转换为 PN 结的光生电场,通过阵列的引线把光生电场的电能以直流电能的形式传送出来。光伏阵列输出直流电能通过控制器的直直

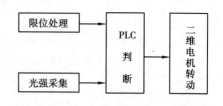

实验图 8.1　太阳能自动跟踪系统框图

变换功能,得到相对稳定的直流电能存储到蓄电池组中。蓄电池中的直流电能通过逆变器后,转化为交流电。

光伏电池工作环境多种因素(如光照强度、环境温度、粒子辐射等)都会对电池板的性能指标带来影响,而温度和光照强度的影响往往是同时存在的。

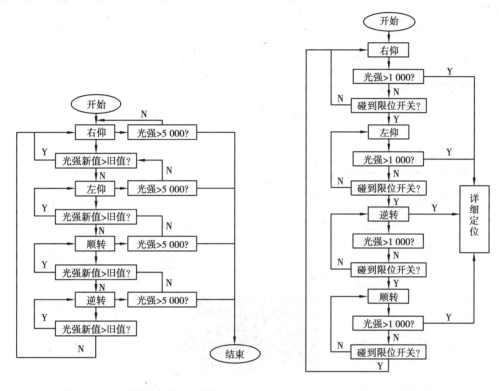

实验图8.2　详细定位流程图　　　　实验图8.3　整体流程图

四　实验内容与步骤

1. 太阳能跟踪系统实验

通过改变日照方向(通过移动光源位置来实现),观察光伏电池板的跟踪情况。

(1)合上空气开关(简称"空开"),按下红色"启动"按钮,启动实训平台。

(2)电脑开机,双击桌面上(HD-FG. exe) 图标,开启组态王监控界面进行实时监控。在该界面中用鼠标单击"太阳能跟踪系统实验"按钮,进入"太阳能跟踪系统实验"实时监控界面。

(3)在光伏发电模块中,按一下操作台上的红色"启动/停止"按钮,启动光伏发电,同时选择"自动"模式(绿色按钮点亮状态)。

(4)点亮光源,光伏电池板若没有位于与光线垂直的位置(光强采样值没有达到5 000),就会自动调整位置。

（5）调整光源至某一位置（顺时针），光伏电池板开始自动追踪。

（6）定位结束后，继续调整光源位置（顺时针），光伏电池板继续追踪。多次进行试验。

（7）试验结束后，光源手动回归复位，太阳能板手动复位。

（8）复位结束后，关闭光伏模块启动/停止按钮，按下试验台左下方绿色"停止"按钮。电脑关机，关机结束后，关掉空开。

注：当模拟光源的光线与太阳能电池板基本垂直时，表示跟踪成功。或者从实验柜上观察，当光强值大于设定值（默认设定值为5 000）时，表示跟踪成功。

2. 太阳能能量转换实验

（1）在实训台的面板上，确保所有开关处于关闭状态，然后按照实验图8.4所示的连线方式接线。

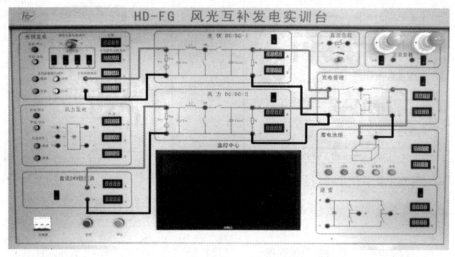

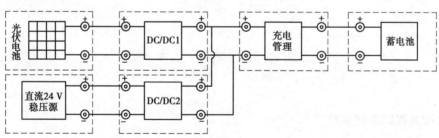

实验图8.4　太阳能能量转换电路图

（2）打开空气开关，按下红色"启动"按钮，启动实训平台；电脑开机，双击桌面上（HD-FG.exe）图标，开启组态王，点击"太阳能能量转换实验"。

（3）按下操作台上光伏发电模块的"启动/停止"按钮，启动光伏发电，同时选择手动模式（绿色按钮为不点亮状态）。

（4）将光源运行到中午时刻，通过调节"左仰""右仰"按钮，将光伏电池板调至与光线垂直的位置。

（5）打开直流24 V稳压源开关，然后依次打开光伏DC/DC1、风力DC/DC2以及充电管理的开关。

（6）充电方式选择"正常充"。

（7）分别观察光伏发电电压值和蓄电池电压值，并记录在实验表8.1中。

（8）分别观察光伏发电、直流24V稳压源、充电模块和蓄电池模块电流表，并在实验表8.1中记录电流值。（注明：太阳能和稳压源发出的电能被储存到蓄电池中，当蓄电池的电流为负值时，表示充电；当蓄电池的电流为正值时，表示放电。）

（9）试验结束后，依次关掉充电管理、DC/DC、直流24 V稳压源的开关。关掉光源，手动将光源和光伏电池板复位。

（10）复位结束后，关闭光伏模块启动/停止按钮，按下试验台左下方绿色"停止"按钮。电脑关机，关机结束后，关掉空开。

实验表8.1　太阳能能量转换实验数据测量表

光伏发电电压/V	
蓄电池电压/V	
光伏发电电流/A	
直流24 V稳压源电流/A	
蓄电池电流/A	

3. 环境对光伏转换影响的实验

在实训平台的面板上，按照实验图8.5所示的连线方式接线。

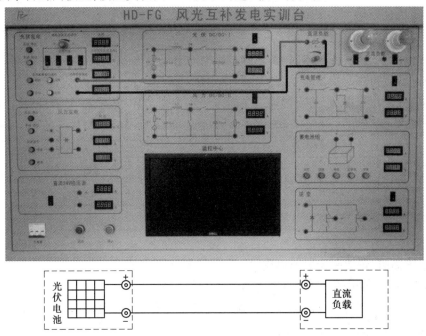

实验图8.5　环境对光伏转换影响电路图

23

1)光照位置不同时,观察光伏电池电压变化

(1)合上空气开关(简称:空开),按下红色"启动"按钮,启动实训平台。此时,光源若未复位,则PLC会控制光源自动复位。

(2)电脑开机,双击桌面上(HD-FG.exe)🌐图标,开启组态王监控界面进行实时监控。单击"实验四 环境对光伏转换影响实验",进入"太阳能发电原理实验"实时监控界面。

(3)按下操作台上光伏发电模块的"启动/停止"按钮,启动光伏发电,同时选择手动模式(绿色按钮为未点亮状态)。

(4)通过"左仰""右仰"按钮调整太阳能电池板至水平位置,将光源亮度调节旋钮逆时针旋转到中间位置。

(5)将直流负载调节旋钮调到中间位置。

(6)将光源运行到早晨的位置以模拟朝阳,在实验表8.2中记录光伏模块电压表及电流表的读数。

(7)光源自动运行到中午的位置,模拟正午时分,在实验表8.2中记录光伏模块电压表及电流表的读数。

(8)将光源运行到晚上的位置,模拟夕阳,在实验表8.2中记录光伏模块电压表及电流表的读数。

(9)比较早中晚光照时段不同时光伏电池开路电压的大小情况,得出结论。

实验表8.2　光照时段不同时的电压电流

光照时段	早	中	晚
电压/V			
电流/A			

2)冬日情况下,光照位置不同时,观察光伏电池电压变化

(1)将光源运行到起始位置。

(2)调节光源轨道按钮,将光源轨道调偏向一定角度,模拟冬天太阳运行的轨道。

(3)重复上一实验的(5)到(8)的步骤,将数据记录在实验表8.3中。

实验表8.3　光照时段不同时的电压电流(冬日)

光照时段	早	中	晚
电压/V			
电流/A			

3)光强不同时,观察光伏电池电压

(1)将光源运行到中午时段,点亮光源。

(2)将模拟光源亮度调节旋钮逆时针旋转到最小位置(逆转到底),观察并记录光源强度最小时光伏电池的电压及电流于实验表8.4中。

(3)增加光源光照强度(将模拟光源亮度调节旋钮逆时针旋转到中间位置),观察并记录此时光伏电池的开路电压及电流于实验表8.4中。

（4）继续增加光源光照强度（将模拟光源亮度调节旋钮逆时针旋转到最大位置），观察并记录此时光伏电池的开路电压及电流于实验表8.4中。

（5）分析光强不同时太阳能转换为电能的情况，得出结论。

（6）试验结束后，关掉光源，并运行到起始位置。

（7）复位结束后，关闭光伏模块启动/停止按钮，按下试验台左下方绿色"停止"按钮。电脑关机，关机结束后，关掉空开。

实验表8.4　光强不同时的电压电流

光强	弱	中	强
电压/V			
电流/A			

五　实验报告要求

（1）整理实验数据，分别说明三个实验于能量转换中的作用及影响。

（2）比较环境对光伏转换影响实验数据，分析其产生的原因。

（3）通过实验观察到的现象，说明太阳能光伏发电的主要优点及缺点。

六　思考题

（1）太阳能光伏发电系统的运行方式有哪两种？选举其中一种运行方式列出其主要组成部件。

（2）请简述蓄电池理论容量、实际容量及额定容量的含义。

（3）太阳能光伏发电系统对蓄电池的基本要求有哪些？

实验九
新能源给直流负载供电特性试验

一 实验目的

(1)测量太阳能电池的伏安特性曲线,找出光伏电池板的最大功率点。
(2)了解风力发电给直流负载供电特性。

二 实验模块

模拟光源、光伏电池板(两块串联)、光伏发电模块、直流负载模块、DC/DC 两模块、充电管理、蓄电池组、直流 24 V 稳压源

三 实验原理

太阳能电池在工作时,随着日照强度、环境温度的不同,其端电压将发生变化,使输出功率也发生很大变化,故太阳能电池本身是一种不稳定的电源。因此,需要在不同日照、温度的条件下输出尽可能多的电能,提高发电系统的效率。

本次实验就是通过太阳能电池板在固定的环境、固定的光照下,测出当前环境的太阳能电池板的伏安特性,找出当前环境下太阳能电池板的最大输出功率。

如实验图 9.1 所示,无外加偏压的光伏电池电路在不同光照强度$(L_1 < L_2)$下的两条伏安特性曲线。由图可见,对于同一负载 R_L,在不同的光照下,输出可以恒定在恒流点 P_1,也可以恒定在恒压点 P_2。而在同一光照强度下,改变负载大小,也可以使输出变成恒流形式或恒压形式 P_3。

由上述可知,光伏电池的输出电压和输出电流都和负载电阻 R_L 太小有关。光伏电池的输出与负载之间的关系如实验图 9.2 所示。光伏电池的输出电流随负载的增大而非线性减小,

光伏电池的输出电压随负载的增大而非线性增大,而输出功率则是有唯一最大值和极大值的曲线。只有在负载匹配的情况下 $R_L = R_M$,才能够获得最大输出功率,这时光电转换效率最高。

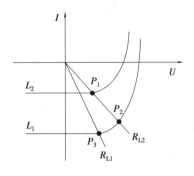

实验图 9.1　光伏电池的伏安特性曲线

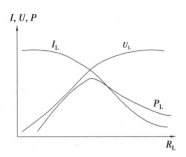

实验图 9.2　光伏电池输出特性曲线

实际应用中,光伏电池常常与蓄电池混合供电。这个混合供电系统可等效于一个光伏电池带负载、带偏压的电路,其等效电路和负载特性曲线如实验图9.3—图9.5所示。

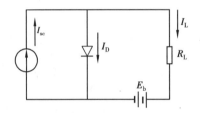

实验图 9.3　光伏电池有负载和有偏压时的等效电路

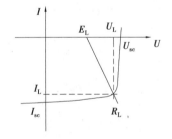

实验图 9.4　光伏有负载和有偏压的
伏安特性

实验图 9.5　光伏有负载和有偏压的
蓄电池充满电伏安特性

负载变化对风力发电机输出电压电流有影响。

四　实验内容与步骤

1.通过太阳能电池板在稳定环境和光照条件下,测出当前环境下太阳能电池板的伏安曲线和功率特性曲线

(1)在实训平台的面板上,按照实验图9.6所示的连线方式接线。

(2)打开空气开关,按下红色"启动"按钮,启动实训平台。电脑开机,双击桌面上

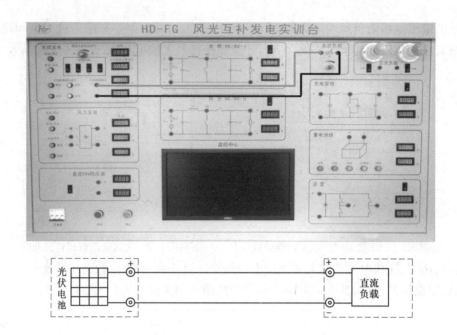

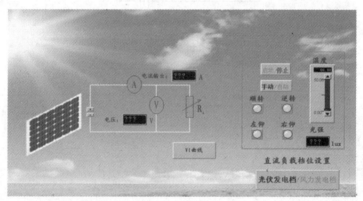

实验图9.6　光伏系统给直流负载供电的电路图

（HD-FG. exe）图标，开启组态王，点击"实验五　光伏系统直流负载特性实验"，如实验图9.7
所示。

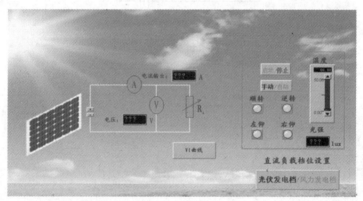

实验图9.7　光伏系统给直流负载供电组态界面

（3）按下操作台上光伏发电模块的"启动/停止"按钮，启动光伏发电，选择手动方式，将光
源运行到中午，通过"左仰""右仰"按钮，手动将太阳能板调至水平位置。

（4）在监控界面上将直流负载挡位设置为"光伏发电挡"（直接点击即可）。顺时针调节
直流负载旋钮，将直流负载调至最大位置，测量光伏输出电压和电流，并记录在实验表9.1中。

实验表9.1　光伏系统给直流负载供电特性测量表

负载值	电压值/V	电流值/mA
负载最大时		

（5）在实验图9.7所示的组态王监控界面中，单击"VI曲线"按钮，弹出伏安特性曲线界

面,逆时针旋转按钮,旋转半圈;当自动记录下数据后(画面打了一个红点),再转半圈,这样依次下去,每次旋转半圈。记录每组电压电流值,在实验表9.2中绘制伏安曲线,在实验表9.3中绘制功率特性曲线。

(6)试验结束后,关掉光源,手动将光源和太阳能板的位置复位。

(7)复位结束后,关闭光伏模块启动/停止按钮,按下试验台左下方绿色"停止"按钮。电脑关机,关机结束后,关掉空开。

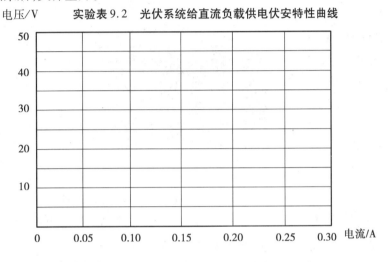

实验表9.2　光伏系统给直流负载供电伏安特性曲线

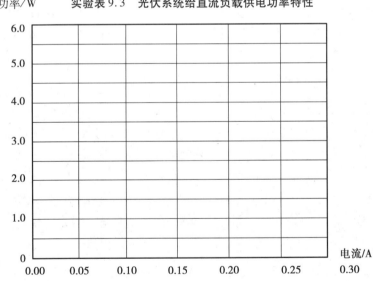

实验表9.3　光伏系统给直流负载供电功率特性

注意:辐射光源的温度较高,应避免与灯罩接触;辐射光源的工作电压为220 V,应小心不要触电。

2. 将风力发电输出模块通过调节负载,分析风力发电机输出功率

(1)检查台面上所有的开关都处于关闭状态。先将直流负载模块上的电位器旋转至最大值位置,再在实训平台的面板上,按照实验图9.8所示的连线方式接线。

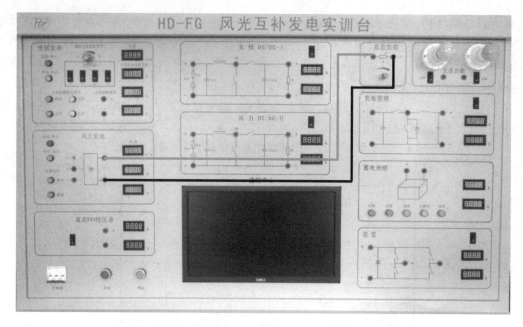

实验图 9.8　风力发电系统给直流负载供电电路图

（2）打开空气开关，按下红色"启动"按钮，启动实训平台。电脑开机，双击桌面上（HD-FG. exe）图标，开启组态王，点击"风能给负载供电特性实验"。

（3）开启实验图 9.9 所示的组态王监控界面进行实时监控。在该界面上将直流负载挡位设置为"风力发电挡"。按下风力发电模块上的"启动/停止"按钮，对应的红色指示灯点亮，启动风力发电机组。风力发电机输出的交流电压经过整流桥，直流电压显示在表计上。测量风力发电输出电压和电流，并记录在实验表 9.4 中。

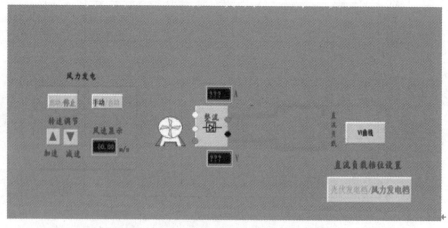

实验图 9.9　风力发电系统给直流负载供电组态界面

实验表 9.4　风力发电系统给直流负载供电测量表

负载值	电压值/V	电流值/mA
负载最大时		

（4）在实验图 9.9 所示的组态王监控界面中，单击"伏安特性曲线"按钮，弹出伏安特性曲线界面，逆时针旋转直流负载模块上的电位器，每次旋转半圈，当自动记录下数据后（画面打了一个红点），再转半圈，这样依次下去。记录 16 组电压电流值，在实验表 9.5 中绘制伏安特性曲线。

实验表 9.5　风力发电系统给直流负载供电伏安特性曲线

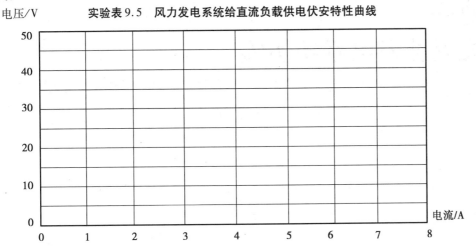

五　实验报告要求

（1）通过伏安特性曲线观察光伏电池在不同光照强度下的区别。
（2）调节直流负载大小，分析风力发电机输出功率变化情况。

六　思考题

（1）对光伏发电的影响因素有哪些？
（2）对风力发电的影响因素有哪些？
（3）风光互补实验的优点有哪些？

实验十
风光互补发电系统实验

一　实验目的

了解风力发电与光伏发电的互补性以及两个能源的相关知识。

二　实验模块

模拟光源、太阳能电池板、光伏发电模块、风机、风力发电模块、DC/DC 两模块、充电管理模块、蓄电池组、直流负载、逆变模块、交流负载。

三　实验原理

风能和太阳能都是无污染的、取之不尽用之不竭的可再生能源。这两种发电方式各有其优点,但是风能和太阳能都是不稳定、不连续的能源,用于无电网地区,需要配备相当大的储能设备,或者采取多能互补的办法,以保证基本稳定的供电。而我国属季风气候区,一般冬季风大,太阳辐射强度小;夏季风小,太阳辐射强度大,风能和太阳能正好可以互相补充利用。

风光互补联合发电系统有很多优点:①利用太阳能、风能的互补特性,可以获得比较稳定的总输出,提高系统供电的稳定性和可靠性;②在保证同样供电的情况下,可大大减少储能蓄电池的容量;③对混合发电系统进行合理的设计和匹配,可以基本上由风/光系统供电,很少启动备用电源,如柴油发电机等,可以获得较好的社会经济效益。

风光互补控制器对光伏电池板、风力发电机转化的电能进行调整和控制,一方面把光伏、风力发电机产生电能优先供给直流负载或交流负载,另一方面把多余的电能存储到蓄电池组中。当光伏电池板、风力发电机发电不足以供应负载时,蓄电池补充供应负载使用;在充电过程中,控制器要对蓄电池进行如限制充电电流、限制充电电压、充满断开保护等控制和保护功能;在放电过程中,控制器又对蓄电池进行过放、过流、过载等保护。所以在风光互补发电系统中,蓄电池的作用非常重要。

四　实验内容与步骤

(1)检查台面上所有的开关都处于关闭状态。在实训平台的面板上,按照实验图10.1所示的连线方式接线。

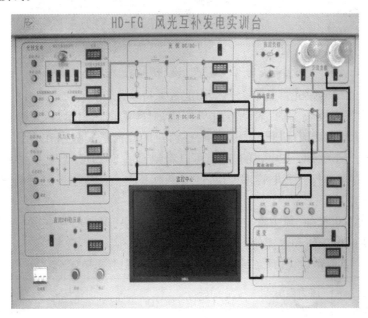

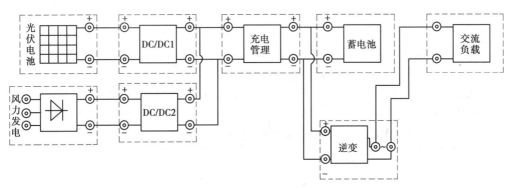

实验图10.1　风光互补发电电路图

(2)打开空气开关,按下红色"启动"按钮,启动实训平台。电脑开机,双击桌面上(HD-FG.exe) 图标,开启组态王,点击"风光互补发电系统",如实验图10.2所示。

(3)按下光伏发电模块的"启动/停止"按钮,启动光伏发电,同时选择手动模式(绿色按钮为不点亮状态)。

(4)打开中午的投光灯,通过"顺转""逆转""左仰""右仰"4个按钮调整太阳能电池板至

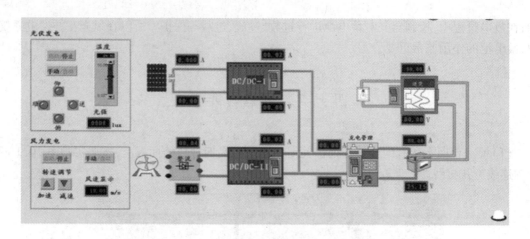

实验图 10.2　风光互补发电电路组态界面

水平状态,使模拟光源的投光灯基本上与太阳能板保持垂直。

(5)按下风力发电模块上的"启动/停止"按钮,对应的红色指示灯点亮,启动风力发电机组。风力发电机输出的交流电压经过整流桥,整流过的直流电压显示在表计上。依次打开光伏 DC/DC Ⅰ和风力 DC/DC Ⅱ模块的开关,可以看到通过 DC/DC 变换后,表计显示输出的电压为直流 36V 左右。再打开充电管理模块、逆变模块开关。在监控界面手动选择处选择正常充,给蓄电池组充电。

(6)测量光伏发电模块、风力发电模块、DC/DC Ⅰ模块、DC/DC Ⅱ模块、蓄电池组、充电管理模块、逆变模块的电压值和电流值,记录在实验表 10.1 中。

实验表 10.1　风光互补发电系统各模块测量值(未接交流负载)

	光伏发电模块	风力发电模块	DC/DC Ⅰ模块	DC/DC Ⅱ模块	蓄电池组	充电管理模块	逆变模块
电压/V							
电流/A							

(7)打开 25 W 交流负载开关,测量光伏发电模块、风力发电模块、DC/DC Ⅰ模块、DC/DC Ⅱ模块、蓄电池组、充电管理模块、逆变模块的电压值和电流值,记录在实验表 10.2 中。

实验表 10.2　风光互补发电各模块测量值(接 25 W 交流负载)

	光伏发电模块	风力发电模块	DC/DC Ⅰ模块	DC/DC Ⅱ模块	蓄电池组	充电管理模块	逆变模块
电压/V							
电流/A							

(8)打开 40 W 交流负载开关(右边),测量光伏发电模块、风力发电模块、DC/DC Ⅰ模块、DC/DC Ⅱ模块、蓄电池组、充电管理模块、逆变模块的电压值和电流值,记录在实验表10.3中。

实验表 10.3　风光互补发电各模块测量值(接 40 W 交流负载)

	光伏发电模块	风力发电模块	DC/DC Ⅰ 模块	DC/DC Ⅱ 模块	蓄电池组	充电管理模块	逆变模块
电压/V							
电流/A							

注意事项:

(1)不要在带电情况下进行接线,有导致人身伤害、设备损坏的危险!

(2)在连接蓄电池的时候,不能并联电流表,蓄电池两端不能短接,有导致人身伤害、设备损坏的危险!

五　实验报告要求

(1)整理实验数据,分析比较风、光各自发电的数据,同时结合风光互补结合实验后的数据,分析各自的作用。

(2)如在阴雨天或是晚上,太阳能发电就会受影响或无效,而风力发电会受风速的影响。将两者结合起来,就能相互弥补彼此的不足,使用范围是否变大了呢?

六　思考题

(1)影响风光发电系统的主要因素有哪些?

(2)如何提高风光互补发电系统的能力?

(3)提高风光互补发电系统的主要措施有哪些?

实训篇

实训一
600 MW 发电机组系统仿真

任务一　机组启机

活动一　厂用电系统送电

一、实验目的

(1)掌握厂用电系统接线与运行方式;

(2)熟悉6 kV、380 V母线送电的操作方法与注意事项。

(3)熟悉直流母线送电的注意事项。

二、操作前准备

(1)电力系统调入初始条件"纯冷态",系统运行。

（2）就地检查 500 kV 升压站母线是否有电。

三、实验内容与步骤

1. 110 V 直流系统送电

6 kV 厂用电送电前先要进行直流系统送电，110 kV 直流系统送电步骤如下：

（1）检查直流系统各部绝缘是否合格，直流系统蓄电池充电是否已满。

（2）直流电源由蓄电池供电。进入就地 110 V 直流系统，分别将开关合母线侧和电池侧，然后合上直流屏上的相关电源开关，整流模块开关和备用电源开关不合，完成对 110 V 直流 A 段送电，110 V 直流 B 段操作相同，如实训图 1.1 所示。进入 DCS 机组 110 V 直流系统，检查是否完成送电，如实训图 1.2 所示。直流母线电压已经有了，说明 110 V 直流系统送电完成。

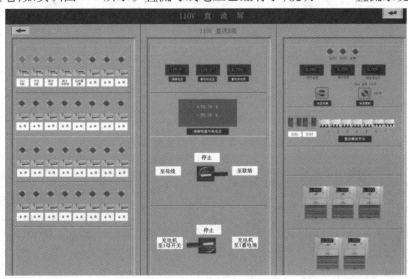

实训图 1.1　直流系统就地送电完成

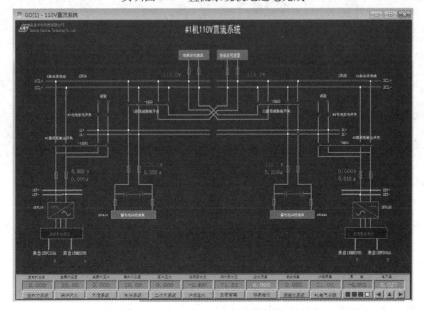

实训图 1.2　DCS 110 V 直流系统送电完成

2.220 V 直流系统送电

(1)检查直流系统各部绝缘是否合格,直流系统蓄电池充电是否已满。

(2)直流电源由蓄电池供电。进入就地 220 V 直流系统,将 2#馈线柜开关合至母线,至电池侧,UPS 电源合上,整流模块开关和备用电源开关不合,合上其他馈线柜电源,完成对 220 V 直流 A 段送电,如实训图1.3所示。进入 DCS220V 直流系统(本虚拟仿真软件没有 2#机组),检查是否完成送电,如实训图 1.4 所示。

实训图 1.3　220 V 直流屏送电

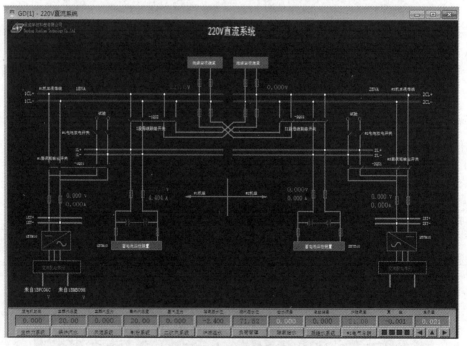

实训图 1.4　DCS 220 V 直流系统送电完成

(3)UPS 系统送电。进入就地 UPS 系统,将电池开关、整流器、输出开关合上,并投入逆变器,此时可以看到 UPS 的输出电压,如实训图 1.5 所示。

3.6 kV 系统母线送电——220 kV 系统经启备变向厂用 6 kV 系统送电

(1)进入 DCS 发变组系统,将启备变 500 kV5000 开关合闸,并操作确认,此时可以看到启备变高压侧电压送电完成,如实训图 1.6 所示。

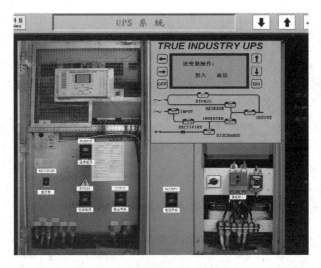

实训图 1.5　UPS 电源送电完成

（2）进入就地 6 kV 厂用 IA 段负荷，进入备用电源进线开关柜，打开柜门，将小车推至工作位，关门。备用开关置于"就地"，然后进行就地合闸，此时合闸指示灯亮，合闸完成，如实训图 1.7 所示。IB 备用电源开关合闸的操作步骤相同。

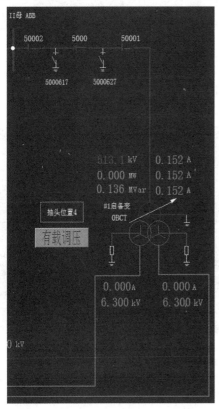
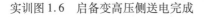

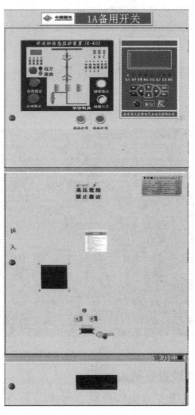

实训图 1.6　启备变高压侧送电完成　　　实训图 1.7　1 A 备用开关合闸

（3）进入 DCS 发变组系统检查母线电压是否送电完成，如实训图 1.8 所示。

（4）进入就地电气 6 kV 厂用 1 A 段负荷，将 6 kVIA 段上的负荷开关依次加上，所有的高

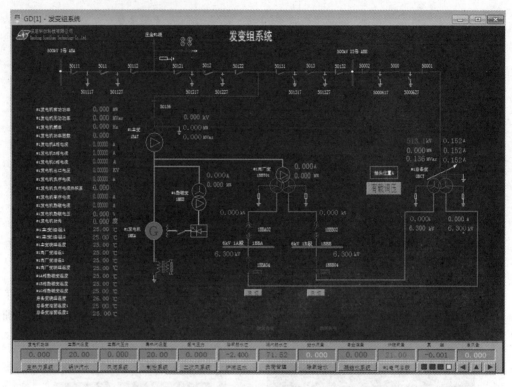

实训图 1.8　发变组系统检查 6 kV 母线送电完成

压开关柜操作步骤都相同:首先进入高压开关柜界面,然后开门将小车推至工作位后关门,选择就地方式进行就地合闸。6 kV 厂用 1B 段负荷操作过程相同,DCS 和就地的检查结果如实训图 1.9、实训图 1.10 所示。

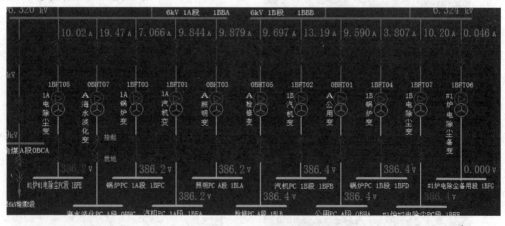

实训图 1.9　DCS 检查送电结果

四、实训报告要求

(1)整理实训操作步骤和操作前后对比图,分析操作前后设备状态的区别。

(2)比较虚拟软件与实际工作操作之间的区别和联系。

五、思考题

(1)写出启备变由检修—备用—运行的操作票。

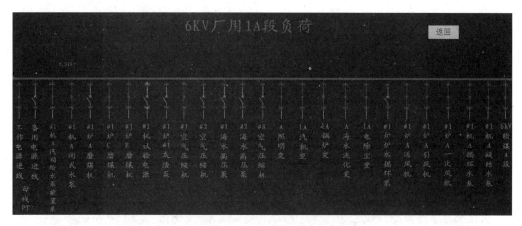

实训图 1.10　就地检查送电结果

（2）写出 1 A 母线检修转运行操作票。

（3）6 kV 小车开关有哪几个位置？操作时应注意什么？

（4）电路的"工作""热备用""冷备用""检修"四个状态的区别。

活动二　发电机并网及厂用电快切

一、实训目的

（1）掌握发电机并网方式，以及并网的条件及步骤；

（2）熟悉 6 kV 厂用电快切条件、操作方法及注意事项；

（3）熟悉 6 kV 厂用电接线。

二、操作前准备

（1）登录 600 MW 火电机组，启动 star-90，快速启动后运行系统；

（2）冻结系统，装入模型 ZH01. mdl，初始条件选择 3 000 r/min（即条件 10），然后运行系统。

三、实训内容与步骤

1. 自动准同期并网

（1）进入 600 MW 火电机组 DCS，点击电气部分的励磁。

（2）选择励磁方式为自动方式，PSS 投入，在同期装置中首先进行选线器复位，然后选择需要并列的断路器，如启动 5013 并列，并操作确认，励磁系统 2100 复位，如实训图 1.11 所示。

（3）合励磁开关，投入确认，此时发电机出口电压慢慢上升到 20 kV。进入 DEH 主界面，点击同期，自动同期允许投入，再次进入励磁系统的同期装置，启动同期。此时同期完成，5013 开关合上，发电机并网完成，如实训图 1.12 所示。

实训图 1.11　选择需并列的断路器

2. 厂用电快切

在正常运行条件下，厂用电无需进行快切操作。如果是计划内检修#1 启备变的情况下，则需要进行厂用电快切操作，把#1 机的厂用负荷倒换到#1 高厂变上。

打开 600 MW 发电机组就地，进入电气就地操作站，点击厂用电快切装置，打开两个装置

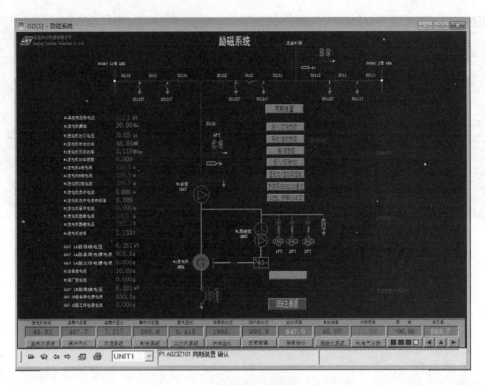

实训图 1.12　励磁系统 5013 断路器并网完成

的电源。从发电站系统图可以看出,6 kV 厂用电有两回,如实训图 1.13 所示。投上所有的压板,备用不投,如实训图 1.14 所示,快切选择并联方式。

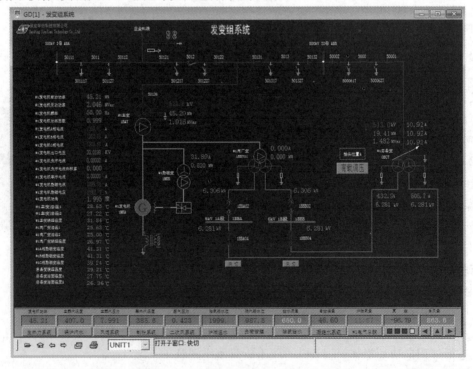

实训图 1.13　发变组系统厂用电由启备变供电

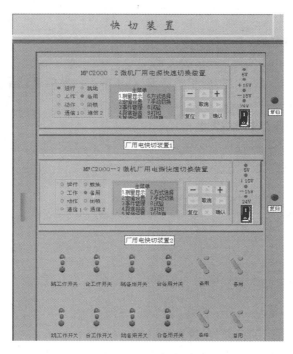

实训图 1.14　就地快切装置

　　两条 6 kV 厂用电的工作开关均进行合闸确认,然后进入就地系统,找到 6 kVIA 段和 6 kVIB 段的备用电源开关柜,分别选择就地进行操作,小车推到工作位进行分闸,切换后的 6 kV 备用开关会变成黄色。此时要对快切装置进行复位操作,恢复开关的正常状态。操作完成后结果如实训图 1.15 所示。

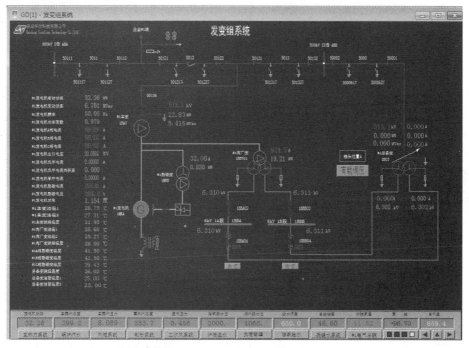

实训图 1.15　厂用电快切完成

四、实验报告要求

(1)说明发电机并网的基本条件。

(2)比较几种不同并网方式下操作的区别。

(3)比较非全相运行实验的前、后实验数据,分析输电线路输送功率的变化。

五、思考题

(1)为什么完成发电机并网后发电机功率没有满载?

(2)发电机并网方式有哪几种?

(3)厂用电快切的意义有哪些?

任务二　倒闸操作

活动一　35 kV 变电站倒闸操作

一、实训目的

(1)掌握 35 kV 变电站的接线与运行方式。

(2)熟悉变电站倒闸操作的方法与注意事项。

(3)掌握 DCS 和就地操作的区别。

(4)熟悉倒闸操作的整体流程。

二、操作前准备

(1)熟悉五防系统与变电站运行操作的联系。

(2)登录"220 kV 变电站仿真培训系统软件",启动 star-90,快速启动后运行系统。

(3)准备变电站送电或者停电的操作票。

三、实训内容与步骤

1.35 kV 线路就地倒闸操作

(1)进入"220 kV 变电站五防系统"。在"220 kV 变电站五防系统"中找到 35 kV 二段母线上的 305 线,并观察该线上开关的工作状态是否正常,然后在该界面对 305 线断电操作开具"操作票","操作票"开具完成后将"操作票"传到电脑钥匙。仿真界面及等待操作界面,如实训图 1.16—1.18 所示。

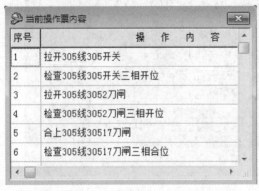

序号	操 作 内 容
1	拉开305线305开关
2	检查305线305开关三相开位
3	拉开305线3052刀闸
4	检查305线3052刀闸三相开位
5	合上305线30517刀闸
6	检查305线30517刀闸三相合位

实训图 1.16　305 线断电开票流程　　　　实训图 1.17　操作票传到电脑钥匙界面

（2）打开"220 kV 变电站及调度就地"运行软件，进入"变电虚拟现实仿真系统进行现场就地操作站"界面。点击进入"220-110-35 kV 中心站"，进入就地设备 304/305/306，如实训图 1.19、实训图 1.20 所示，根据"操作票"的操作流程找到相应的开关柜并按要求进行操作。对"就地"界面中的开关柜进行操作时，"220kV 变电站及调度 NCS"中相应的开关元件状态也会随之变化。

实训图 1.18　等待操作界面　　　实训图 1.19　变电虚拟现实仿真系统现场就地设备操作站

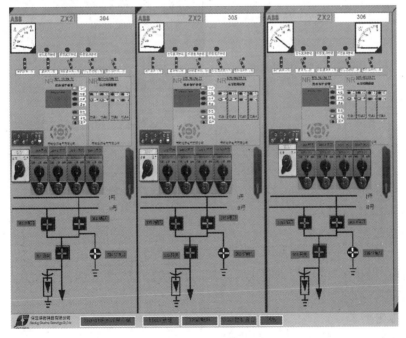

实训图 1.20　35 kV 就地界面

（3）按照"操作票"中的操作流程对 305 线上的断路器进行分闸操作：选择就地方式分闸，点击 305 开关钥匙解锁，然后分闸，操作结束后闭锁，如实训图 1.21、实训图 1.22 所示。

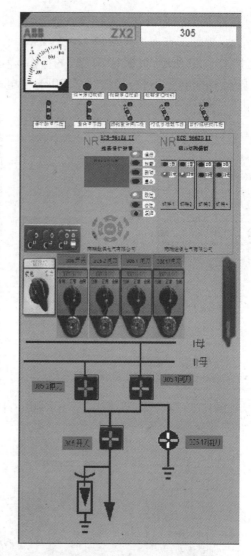

实训图 1.21　305 开关合闸操作界面　　　　实训图 1.22　305 开关分闸位状态

（4）拉开 305 线 3052 刀闸，进入 3052 闸刀界面，解锁分闸后闭锁。

（5）合上 305 线 30517 刀闸，进入 3052 闸刀界面，解锁分闸后闭锁。

2.35 kV 线路 NCS 倒闸操作

（1）同就地操作步骤（1）。

（2）打开"220 kV 变电站及调度 NCS"运行软件，点击进入"一次接线"界面。找到所要操作的线路，按照"操作票"的操作流程找到相应的开关合刀闸，并依次进行操作。操作完成后相应的开关状态会随之变化。

四、实训报告要求

（1）自行分析 35 kV 线路送电操作步骤。

（2）比较分析实际变电站倒闸操作时与虚拟仿真软件操作的区别。

五、思考题

（1）双母线供电适用于哪些供电场合？

(2)一次接线图中的各种符号分别代表什么电气设备?

(3)除了虚拟仿真软件上画出来的电气设备外,35 kV 线路设计过程中还应该有哪些设备应该体现在一次接线图中?

活动二　110 kV 变电站倒闸操作

一、实训目的

(1)掌握 110 kV 变电站接线与运行方式。

(2)熟悉变电站倒闸操作的方法与注意事项。

(3)掌握 DCS 倒闸和就地倒闸的区别。

(4)熟悉倒闸操作的整体流程。

二、操作前准备

(1)掌握五防系统与变电站运行操作的联系。

(2)登录"110 kV 变电站仿真培训系统软件",启动 star-90,快速启动后运行系统。

(3)准备变电站送电或者停电的操作票。

三、实训内容与步骤

(1)进入"110 kV 变电站五防系统"。在"110 kV 变电站五防系统"中找到 110 kV 母线上的 791 线,并观察该线上开关的工作状态是否正常,然后在该界面对 791 线断电操作开具"操作票",完成后将"操作票"传到电脑钥匙。仿真界面及等待操作界面,如实训图 1.23—1.24 所示。

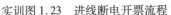
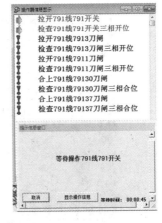

实训图 1.23　进线断电开票流程　　　实训图 1.24　等待操作界面

(2)打开"220 kV 变电站及调度就地"运行软件。点击进入"110 kV 就地",在"就地"界面找到所要 791 开关柜,如实训图 1.25 所示,根据"操作票"的操作流程找到相应的开关柜并按要求进行操作。对"就地"界面中的开关柜进行操作时,"220 kV 变电站及调度 NCS"中相应的开关元件状态也会随之变化。

(3)按照"操作票"中的操作流程对 791 线上的断路器进行分闸操作:将控制开关置于 Q01,然后进行分闸操作,完成后结果如实训图 1.26 所示。

(4)拉开 791 线 7913 刀闸和 7911 刀闸:首先将控制开关置于 Q30,进行 7913 分闸操作,然后将控制开关置于 Q50,进行 7911 分闸操作,对应的开关状态也随之变化。

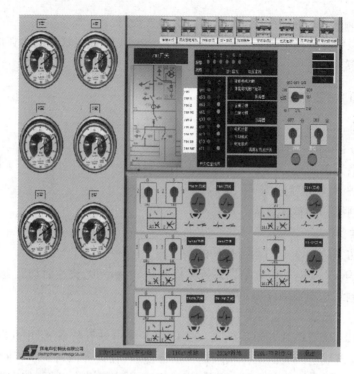

实训图 1.25　110 kV 791 开关柜界面

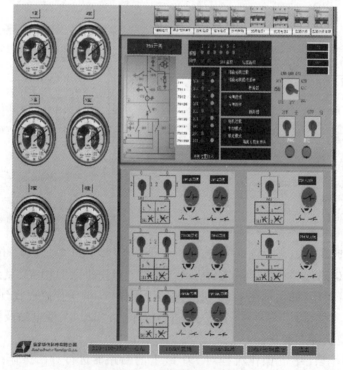

实训图 1.26　791 断路器分闸位状态

（5）合上 791 线 79130 刀闸和 79137 刀闸：首先将控制开关置于 Q31,进行 79130 合闸操作,然后将控制开关置于 Q40,进行 79137 分闸操作,对应的开关状态也随之变化。

四、实训报告要求

(1)自行分析 110 kV 变电站送电操作步骤。

(2)自行分析 110 kV 变电站 NCS 停送电操作步骤。

五、思考题

(1)35 kV 和 110 kV 变电站供电方式有什么区别？

(2)送电倒闸操作和停电操作的顺序有什么联系和区别？

活动三　220 kV 变电站倒闸操作

一、实训目的

(1)掌握 220 kV 变电站的接线与运行方式。

(2)熟悉变电站倒闸操作的方法与注意事项。

(3)掌握 DCS 倒闸和就地倒闸的区别。

(4)熟悉倒闸操作的整体流程。

二、操作前准备

(1)掌握五防系统与变电站运行操作的联系。

(2)登录"220 kV 变电站仿真培训系统软件"，启动 star-90，快速启动后运行系统。

(3)准备变电站送电或者停电的操作票。

三、实训内容与步骤

1.220 kV 进线停电就地操作

(1)进入"220 kV 变电站五防系统"。在"220 kV 变电站五防系统"中找到 220 kV 母线上的 2606 进线，并观察该线上开关的工作状态是否正常，然后在该界面对 2606 进线断电操作开具"操作票"，完成后将"操作票"传到电脑钥匙。仿真界面及等待操作界面，如实训图 1.27—1.29 所示。

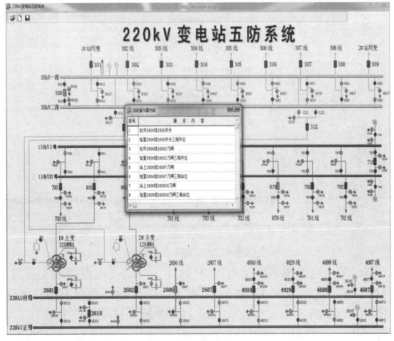

实训图 1.27　进线断电开票流程

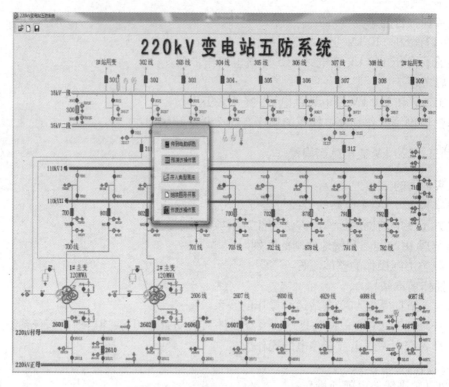

实训图 1.28　操作票传到电脑钥匙界面

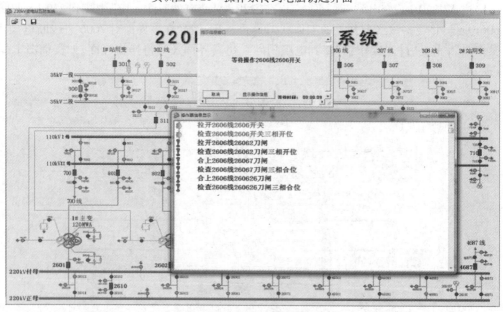

实训图 1.29　等待操作界面

（2）打开"220 kV 变电站及调度就地"运行软件,进入"变电虚拟现实仿真系统进行现场就地操作站"界面。点击进入"220 kV 就地",在"就地"界面找到所要操作的线路,如实训图 1.30 所示,根据"操作票"的操作流程找到相应的开关柜并按要求进行操作。对"就地"界面中的开关柜进行操作时,"220 kV 变电站及调度 NCS"中相应的开关元件状态也会随之变化。

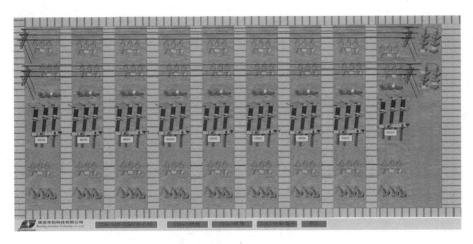

实训图 1.30　220 kV 就地界面

　　(3)按照"操作票"中的操作流程对 2606 进线上的断路器进行分闸操作:拉开 2606 线 2606 断路器,操作方式选择就地操作,然后进行分闸操作。以 A 相为例,前后对比图如实训图 1.31—1.32 所示。

实训图 1.31　2606 断路器 A 相合闸位状态

实训图 1.32　2606 断路器 A 相分闸位状态

（4）拉开 2606 线 26062 刀闸，首先将电脑钥匙插入 26062 刀闸对应的钥匙孔，然后对 26062 刀闸进行分闸操作，操作完成后取下电脑钥匙。前后对比图如实训图 1.33—1.34 所示。

实训图 1.33　26062 刀闸合闸位状态

实训图 1.34　26062 刀闸分闸位状态

（5）合上 2606 线 26067 刀闸，打开钥匙进行合闸操作，操作完成后上锁，如实训图 1.35—1.36 所示。

实训图 1.35　26067 刀闸分闸位状态

实训图 1.36　26067 刀闸合闸位状态

（6）合上 2606 线 260626 刀闸操作，同上。

2. 220 kV 进线停电 NCS 操作

（1）同就地操作步骤（1）。

（2）打开"220 kV 变电站及调度 NCS"运行软件，点击进入"一次接线"界面。找到所要操作的线路，按照"操作票"的操作流程找到相应的开关合刀闸，并依次进行操作。操作完成后相应的开关状态会随之变化。

四、实训报告要求

（1）根据 220 kV 变电站的设计要求，对该变电站供电方式进行分析。

（2）自行分析变电站送电操作步骤。

（3）比较分析实际变电站倒闸操作时与虚拟仿真软件操作的区别。

五、思考题

（1）变电站倒闸操作的顺序如何（包括停电检修和送电）？

（2）检修变压器应该如何进行倒闸操作？

（3）检修任意一回母线应该如何进行倒闸操作？

任务三　故障处理

活动一　10 kV（6 kV）母线故障处理

一、实训目的

（1）掌握 10 kV（6 kV）母线故障事故的处理要点。

（2）熟悉 10 kV（6 kV）母线故障事故的现象。

（3）熟悉 10 kV（6 kV）母线事故处理的方法及步骤。

二、操作前准备

（1）登录"220 kV 变电站仿真培训系统软件"，启动 star-90，快速启动后运行系统。

（2）6 kV 1A 段母线加入故障。

三、实训内容与步骤

实训表 1.1　故障试验指导书

名　称	6 kV 1A 段母线故障		
工况设置	初始工况:600 MW,CCS 方式，B、C、D、E、F 磨运行。	故障设置	故障点 602
故障原因	6 kV 1A 段母线故障		
试验要点	(1)及时正确判断发生 6 kV 1A 段失电故障。 (2)相应 6 kV 辅机跳闸、380 VPC 和 MCC 母线失电,RB 动作,机组负荷下降,需协调维持机组稳定运行。		
处理要点	(1)及时正确判断发生 6 kV 1A 段失电故障,确认工作电源开关断开,备用电源开关未合。		
	(2)维持机组稳定运行。		
	(3)检查主变、高厂变冷却系统、保安电源等的工作情况。		
	(4)故障消除后手合 6 kV 1A 段备用电源开关,检查 6 kV 和 380 V 恢复供电。		
	(5)启动送引风机、一次风机、电动给水泵,启动相应制粉系统,升带负荷。		
序　号	项目名称		
1	**事故现象**		
1.1	A 段工作电源跳闸,备用电源开关未合造成 6 kV 1A 段母线失电;		
1.2	6 kV 1A 段所带辅机跳闸,RB 动作,机组负荷下降;		
1.3	相应 380 VPC、MCC 母线失电。		
2	**处理步骤及要求**		
2.1	及时正确地判断故障,确认工作电源开关跳闸,备用电源开关未合。		
2.2	根据光字和快切装置闭锁信号,不能强合备用电源开关。		
2.3	检查 6 kV 1A 段所带辅机跳闸(在就地站可确认 6 kV 1A 所有辅机开关跳闸),确认无辅机故障报警信号。		
2.4	机组负荷下降,调整参数,维持锅炉、汽机稳定运行。		
2.5	检查保安 A 段切换正常,B 段电源工作正常。		
2.6	检查锅炉变 A、汽机变 A,相应 380 VPC、MCC 母线失电。		
2.7	检查主变冷却器电源(二)失去,自动切至供电电源(一),确认冷却器工作正常。		
2.8	拉开锅炉变 A、汽机变 A 电源开关以及其他 6kV 1A 段上未跳闸的开关。		
2.9	将 6 kV 1A 段上工作电源进线,备用电源开关拉至检修位。		
2.10	汇报值长,联系检修。		
2.11	确认光字报警。		
3	**汇报**		
3.1	故障现象。		
3.2	故障判断。		
3.3	故障原因。		
3.4	处理要点。		

1. 故障加入

登录"600 MW 火力发电机组",启动 star-90,快速启动后运行系统,点击"故障加入"。加入 6 kV 1A 段失电(工作跳,备用未投)故障,如实训图 1.37 所示。

序号	描述	当前值	目标值	时间间隔(秒) 条件	状态
600	发电机转子匝间短路				正常
601	单元组失电				正常
602	6KV A段失电(工作跳,备用未投)			00:00:00	正常
603	6KV B段失电(工作跳,备用未投)				正常
604	发电机两相短路				正常
605	发电机定子接地(3Wo)				正常
606	发电机定子接地(基波)				正常
607	发电机定子匝间短路				正常
608	发电机过激磁(报警)				正常
609	发电机过激磁(跳闸)				正常
610	发电机振荡				正常
611	发电机失步				正常
612	发电机失磁				正常
613	发电机进相	0			正常

实训图 1.37　母线故障加入

2. 事故现象及处理

点击"600 MW 火力发电机组就地"系统,进入 6 kV 厂用 1A 段。看到现象:

(1)工作电源跳闸,备用电源未自投。根据光字和快切装置闭锁信号,不能强合备用电源开关,报警信号光字牌如实训图 1.39 所示。

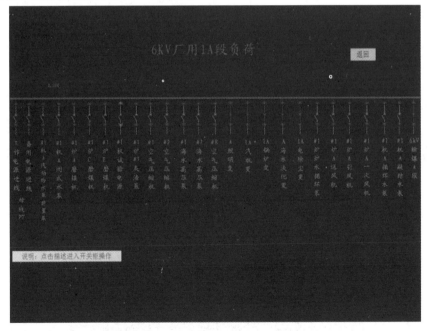

实训图 1.38　厂用 1 A 段电源进线跳闸

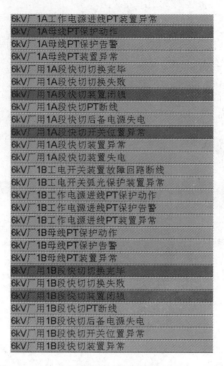

实训图 1.39　报警光字牌

（2）检查 6 kV 1A 段所带辅机跳闸（在就地站可确认 6 kV 1A 所有辅机开关跳闸），确认无辅机故障报警信号。

（3）机组负荷下降，对比如实训图 1.40—1.41 所示。调整参数，维持锅炉、汽机稳定运行。

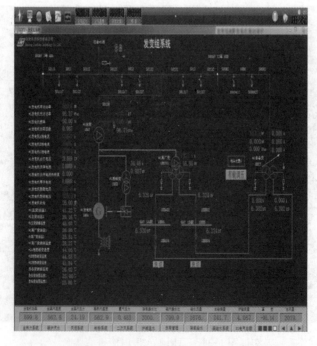

实训图 1.40　正常情况下机组负荷

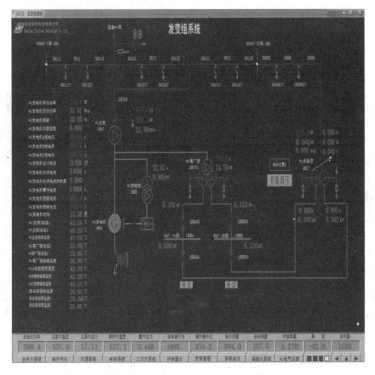

实训图 1.41 故障加入后机组负荷

（4）检查保安 A 段切换正常，B 段电源工作正常，如实训图 1.42 所示。

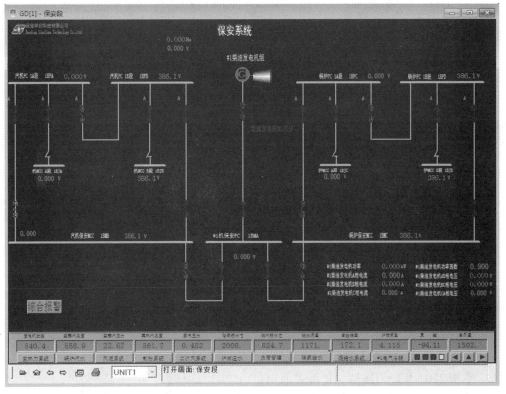

实训图 1.42 保安系统检查

（5）检查锅炉变 A、汽机变 A，相应 380 V PC、MCC 母线失电。

检查主变冷却器电源（二）失去，自动切至供电电源（一），确认冷却器工作正常。进入 DCS#1 机电气总貌，拉开锅炉变 A、汽机变 A 电源开关以及其他 6 kV 1A 段上未跳闸的开关。先分开 6 kV 段 380 V 侧开关，再分开 6 kV 开关，如实训图 1.43—1.44 所示。

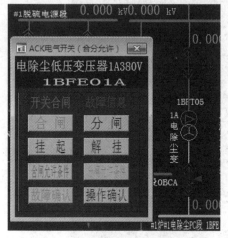 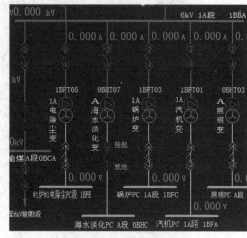

实训图 1.43　380 V 侧开关分闸　　　　　　　实训图 1.44　6 kV 侧开关分闸

进入就地 6 kV 厂用 1A 段负荷，将 6 kV 1A 段上工作电源进线和备用电源开关拉至检修位。首先打开工作电源柜门，将小车推至试验位，然后退二次插头，再将开关推至退出位，如实训图 1.45—1.47 所示。

实训图 1.45　备用电源开关拉至检修位　　实训图 1.46　退二次插头　　实训图 1.47　开关退出

（6）汇报值长，联系检修。

（7）确认光字报警。

四、实训报告要求

（1）自行分析备用电源投入情况下的操作步骤。

（2）自行分析变电站送电的操作步骤。

五、思考题

（1）备用电源的作用是什么？

（2）6 kV 母线故障为什么会导致发电机负荷下降？

活动二　电力线路故障处理

一、实训目的

（1）掌握 220 kV 电力线路保护配置原则；

（2）掌握重合闸保护的基本原理；

（3）掌握继电保护与重合闸之间的配合动作情况；

（4）熟悉电力线路故障处理方法。

二、操作前准备

（1）登录"220 kV 变电站仿真培训系统软件"，启动 star-90，快速启动后运行系统。

（2）检查 220 kV 电力线路继电保护装置是否投入。

（3）检查重合闸装置是否投入。

三、实训内容与步骤

1. 无重合闸装置 4930 线路单相瞬时接地短路

（1）进入"220 kV 变电站及调度就地"中的"4930 线路保护柜"，如实训图 1.48 所示，检查线路保护柜进出线开关是否合上及保护柜上指示灯是否正常，确认重合闸未投入，并将相应的保护压板合上。

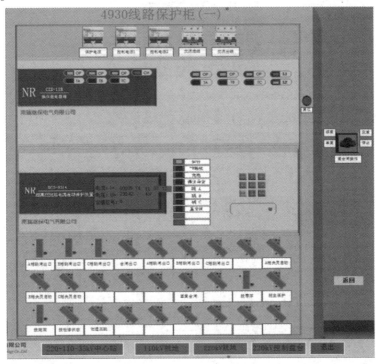

实训图 1.48 4930 线路保护柜

（2）给 4930 线路加入故障，如实训图 1.49 所示。

（3）观察保护柜的动作情况，发现 A 相的零序 I 段保护、距离 I 段保护动作，如实训图 1.50所示。

2. 投入单相重合闸 4930 线路单相瞬时接地短路

（1）打开保护柜上的自动重合闸装置，等待自动重合闸装置充电完成，如实训图 1.51 所示。

（2）给线路加入单相瞬时接地故障，观察保护柜的动作情况，如实训图 1.52 所示。

当 4930 线路发生单相瞬时接地故障时，该线路的零序 I 段保护和距离 I 段保护都将动作，断开故障相。如果将自动重合闸装置加入，当发生瞬时接地故障时，保护装置发生动作，断开故障相，在自动重合闸装置的作用下线路又将再次合上。

实训图 1.49　4930 线路故障加入

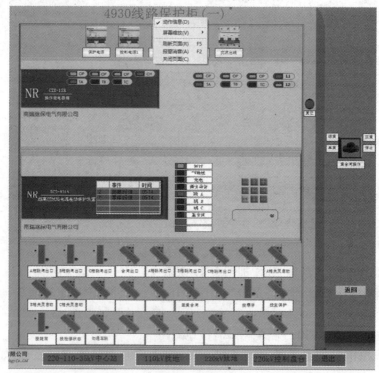

实训图 1.50　4930 线路加入故障保护动作情况

3. 投入综合重合闸 4929 线路单相瞬时接地短路

（1）检查 4929 线保护柜的进出线开关及指示灯的显示情况，并将自动重合闸装置启动，等待自动重合闸装置充电完成，如实训图 1.53 所示。

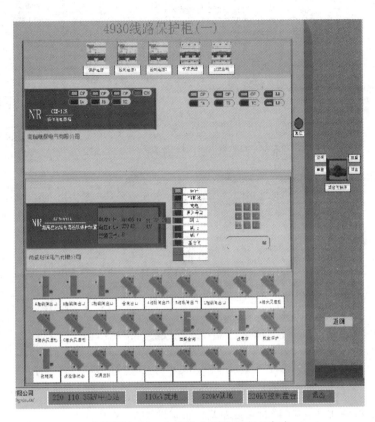

实训图 1.51 自动重合闸装置充电完成

实训图 1.52 保护装置动作情况

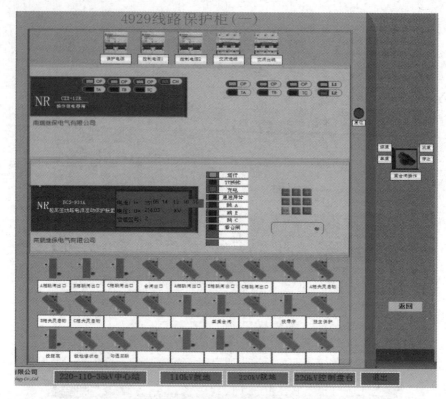

实训图 1.53　自动重合闸装置充电完成

（2）给 4929 线路加入相间瞬时短路故障，如实训图 1.54 所示。

实训图 1.54　4929 线路故障加入

（3）观察保护装置动作，如实训图 1.55 所示。

当发生相间瞬时短路故障，距离保护Ⅰ段保护动作，由于故障是瞬时故障，自动重合闸装置动作后，线路再次合上。

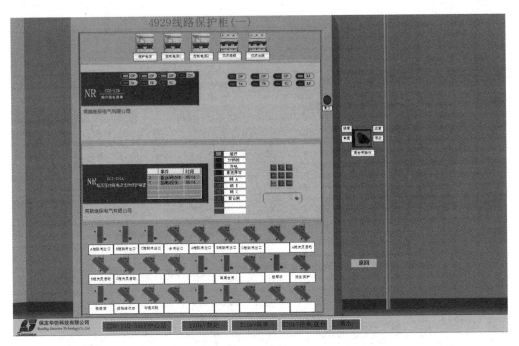

实训图 1.55　保护装置动作情况

（4）将 4929 线路保护柜复位，在线路中加入三相永久短路故障，如实训图 1.56 所示。

序号	描述	当前值	目标值	时间间隔(秒)	条件	状态
22	4688线路相间永久短路					正常
23	4688线路相间瞬时接地短路					正常
24	4688线路相间永久接地短路					正常
25	4688线路三相瞬时短路					正常
26	4929线路单相瞬时接地					正常
27	4929线路单相永久接地					正常
28	4929线路相间瞬时短路					正常
29	4929线路相间永久短路					正常
30	4929线路相间瞬时接地短路					执行
31	4929线路相间永久接地短路					正常
32	4929线路三相瞬时短路					正常
33	4929线路三相永久短路					正常
34	4929线末端A相瞬时接地主保护拒动					正常
35	4929线TV断线异常					正常
36	4929 TV断线异常线路故障(差动)					正常
37	4929线路断相跳闸					正常
38	4929线路断A相不跳闸					正常

实训图 1.56　4929 线路故障加入

（5）观察保护柜动作，如实训图 1.57 所示。

在仿真中，当 4929 线路中发生三相永久短路故障时，距离 I 段保护动作，自动重合闸装置动作使线路再次合上，由于发生的是永久性短路故障，所以距离保护再次动作，线路断开。

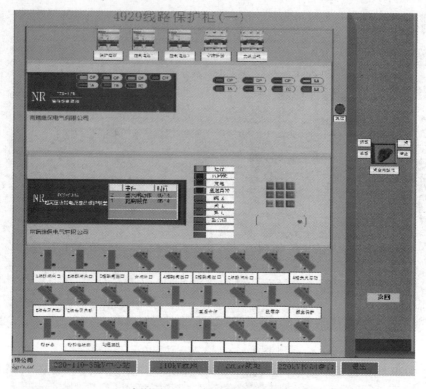

实训图 1.57　保护装置动作情况

四、实训报告要求

(1)查阅国家标准文件,找到电力线路保护配置要求。

(2)自行设计电力线路其他故障类型出现时继电保护装置的动作情况。

(3)运用所学专业知识解释继电保护动作的原因。

五、思考题

(1)为什么单相接地故障时零序保护被启动?

(2)继电保护装置与重合闸装置是如何配合进行的?

(3)距离保护适用于哪种电压等级的电力线路?

活动三　变压器故障处理

一、实训目的

(1)熟悉变压器故障类型;

(2)熟悉变压器保护配置原则;

(3)熟悉变压器故障现象;

(4)熟悉变压器故障处理方法和步骤。

二、操作前准备

(1)登录"600 MW 发电机组系统软件",启动 star-90,快速启动后运行系统;

(2)检查变压器继电保护装置是否投入;

(3)检查变压器相应的保护类型是否投入;

(4)加入主变轻瓦斯 + 重瓦斯故障。

三、实训内容与步骤

实训表 1.2　故障试验指导书

名　称	主变轻瓦斯动作		
工况设置	600 MW 标准工况,协调方式 B、C、D、E、F 磨运行	故障设置	故障点 631
故障原因	主变轻瓦斯动作		
考核要点	及时发现主变轻瓦斯动作		
处理要点	就地站检查主变本体。		
	保护室检查保护动作情况。		
	通知化学取样分析气体性质。		
序　号	项目名称		
1	**事故现象**		
1.1	光字牌报"主变轻瓦斯动作"报警。		
1.2	就地发变组保护屏 E 屏主变轻瓦斯保护报警。		
2	**处理步骤及要求**		
2.1	检查主变电压、电流、功率、油温和线圈温度。		
2.2	就地站检查主变(瓦斯继电器、变压器油色、油位,冷却系统等)。检查主变内部是否有异常声响。		
2.3	确认发变组保护屏 E 屏主变轻瓦斯保护报警汇报值长,联系检修。		
2.4	通知化学取样,分析气体性质。		
2.5	加强检查,根据气体分析情况,确定轻瓦斯动作原因,如属于变压器内部故障,应安排主变尽快停运检查。		
3	**汇报**		
3.1	故障现象。		
3.2	故障判断。		
3.3	故障原因。		
3.4	处理要点。		

1. 故障加入

电力系统正常运行,首先加入主变轻瓦斯故障,现象如实训图 1.58 所示。

(1)光字牌报主变轻瓦斯、主变重瓦斯。如实训图 1.59 所示,点击"600 MW 发电机组就地",进入"发变组保护 E 屏",可以看到主变轻瓦斯报警,继续加入主变重瓦斯。

2. 事故现象及处理步骤

(1)确认主变"轻瓦斯""重瓦斯"光字报警信号。

(2)就地站检查主变(瓦斯继电器、变压器油色、油位,冷却系统等)。通知化学取样,分析气体性质。

实训图 1.58　加入主变轻瓦斯故障

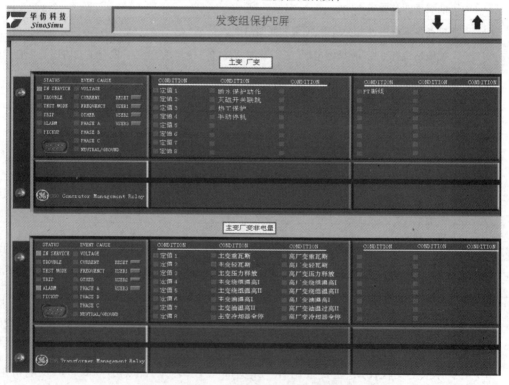

实训图 1.59　发变组保护屏主变轻瓦斯保护动作

（3）经检查，相关保护报警，确认主变"重瓦斯"保护动作。

（4）检查各表计情况，发变组跳闸，发电机有功表、无功表等指示到零，如实训图 1.60 所示。

（5）检查厂用电快速切换成功，确认厂用母线电压正常。

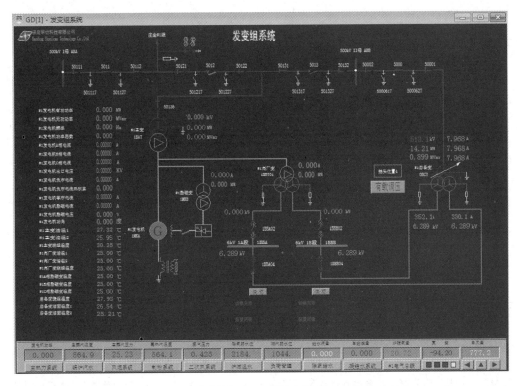

实训图 1.60 发变组跳闸

（6）汽机跳闸,确认主气门、抽气逆止门、高排逆止门等关闭,汽轮机转速下降。

（7）检查锅炉灭火保护正确动作,所有磨煤机、给煤机、一次风机跳闸,燃油速关阀关闭。（如果保护未动,应立即手动停运相关设备）

（8）确认所有减温水门关闭。

（9）确认运行的送引风机运行正常,尽快满足吹扫条件。

（10）确认主机交流润滑油泵启动正常,油压正常。

（11）确认两台气泵跳闸,电泵联启正常。

（12）检查发变组保护,确认主变重瓦斯动作。

（13）确认光字报警。

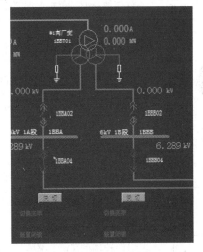

实训图 1.61 快切装置动作,
厂用母线电压正常

四、实训报告要求

（1）阐明变压器瓦斯保护的基本原理。

（2）分析变压器轻瓦斯和重瓦斯故障时分别动作的情况。

（3）自行设计变压器其他故障,观察变压器继电保护装置动作的情况,并运用所学理论知识进行分析。

五、思考题

（1）厂用电快切装置在什么情况下会动作?

（2）变压器保护配置的原则是什么?

活动四　发电机故障处理

一、实训目的

(1)熟悉发电机故障类型；

(2)熟悉发电机保护配置原则；

(3)熟悉发电机故障现象；

(4)熟悉发电机故障处理方法和步骤。

二、操作前准备

(1)登录"600 MW 发电机组系统软件"，启动 star-90，快速启动后运行系统。

(2)调入 600 MW 的初始条件，电力系统正常运行；

(3)检查发电机继电保护装置是否投入；

(4)检查发电机相应的保护类型是否投入。

三、实训内容与步骤

实训表 1.3　故障试验指导书

名　　称	发电机定子接地		
工况设置	600MW 标准工况，协调方式 B、C、D、E、F 磨运行	故障设置	故障点 606
故障原因	定子线圈漏水或者渗水造成绝缘下降；引出线运行中产生震荡，导致绝缘受损；机内结露导致接地；轴瓦漏油，导致绝缘下降；主变低压侧绕组或高压厂变高压侧绕组单相接地等。		
考核要点	及时发现主变轻瓦斯动作。		
处理要点	就地站检查有无明显接地现象。		
	检查内部有无明显接地现象。		
	解列停机检修。		
序　　号	项目名称		
1	**事故现象**		
1.1	警铃响，"发电机定子接地"光字牌亮。		
1.2	定子回路绝缘监测装置电压表有指示。		
1.3	漏水报警装置可能动作。		
1.4	当保护用的 TV 一次熔丝熔断而闭锁失灵时，定子接地保护将误动作，注意区分。		
1.5	基波投跳闸动作时，发变组跳闸全停。		
1.6	三次谐波动作发信。		
2	**处理步骤及要求**		
2.1	机组跳闸，检查厂用电切换情况，按发电机跳闸处理。发变组转检修，联系维护检查接地原因。		
2.2	若发电机未跳闸（接地保护投信号位置），检查定子回路绝缘监测装置电压表，并结合运行情况判断是否发生接地现象。		

续表

序　号	项目名称
2.3	联系二次班人员实测发电机 TV 二次开口电压,并检查保护。若零序电压指示较其他机组偏高,则说明该机组确有接地,应汇报值长及有关厂领导申请停机。
2.4	穿绝缘靴对发电机本体及引出线进行全面检查,是不是由于 TV 一、二次插头松动引起误发信号,并对发电机中性点至主变引出线及高厂变高压侧套管区城内进行详细检查,看有无明显接地现象(如漏水等造成接地)。
2.5	如为三次谐波接地,应注意检查判断是否为保护误动。
2.6	如检查发电机内部有明显的接地故障象征(如漏水、焦味、冒烟等),或发电机温度急剧上升,应立即将发电机手动解列停机。
2.7	一旦确认发电机已接地,应立即汇报值长申请停机。
2.8	如原因不明,无明显故障点,允许发电机接地运行 30 分钟。如接地信号不消失,申请停机检查。
3	汇报
3.1	故障现象。
3.2	故障判断。
3.3	故障原因。
3.4	处理要点。

1.故障加入及事故现象

(1)加入发电机定子接地故障,如实训图 1.62 所示。机组跳闸,负荷减为零,如实训图 1.63所示。

实训图 1.62　加入发电机定子接地故障

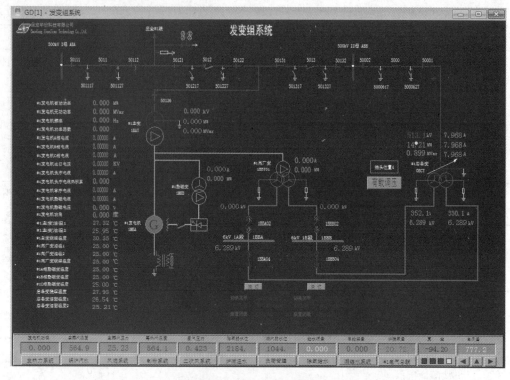

实训图 1.63　快切装置动作

（2）光字报警"发电机定子接地动作"信号发出，如实训图 1.64 所示。

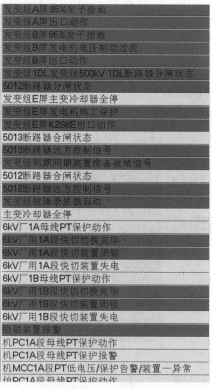

实训图 1.64　光字报警

2.处理步骤

(1)查找跳闸原因,为"发电机定子接地"机组跳闸时,汇报值长。

(2)检查光字牌及就地保护柜信号,进入就地发变组保护 A 屏,如实训图 1.65 所示。95%定子接地保护动作,主气门关闭,热工保护动作。500 kV 断路器分闸位,如实训图 1.66 所示。通知继电保护检查故障录波器记录,查看保护回路及定值;全面综合分析故障,将检查分析结果汇报值长。

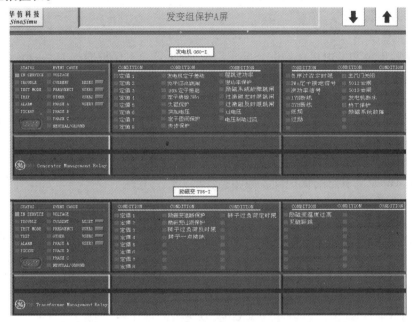

实训图 1.65　发变组保护屏发电机保护动作

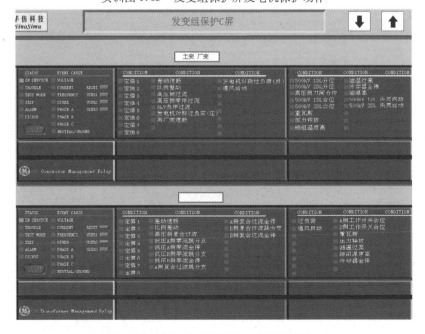

实训图 1.66　发变组保护屏断路器分位

（4）对发电机出口、励磁变高压侧进行外观检查,判明发电机系统有无明显接地故障。

（5）确认定子冷却水水质是否合格。

（6）将发电机转冷备用。

（7）待大机转速到零盘车投入后,测量发电机绝缘性,将测量结果汇报值长。

（8）将发电机转检修。

（9）通知检修处理,汇报值长。

（10）复归各报警信号,做好记录。

四、实训报告要求

（1）将实验现象和发电机保护配置要求结合,分析发变组保护屏相关保护工作的理由。

（2）自行设计几种发电机故障,观察实验现象。

（3）查阅资料,分析出现上述故障时的处理方法。

五、思考题

（1）95%定子接地故障的含义是什么?

（2）发电机定子接地故障的保护是如何配置的?

（3）600 MW发电机组的保护配置原则是什么?

实训二
风光互补发电技术

任务一　检测技术

活动一　风速的测量

一、实验目的

(1)熟悉风速传感器的工作原理,能够正确使用光线传感器。

(2)掌握风速传感器的测量方法。

二、实验原理

风速传感器可分为旋转型、压力型、热线型、超声波型等几种类型。其中,旋转型风速传感器可分为风杯型和螺旋桨型两种,风力发电常用的是旋转风杯型。这里主要介绍旋转风杯型风速传感器,对其他类型仅作简要介绍。

1.旋转风杯型风速传感器

首先由风杯将风速变换成其垂直旋转轴的转速,再用数字方法对垂直旋转轴的转速进行测量。风速与传感器单位时间输出的脉冲数成比例,其外形结构如实训图2.1所示。

旋转风杯型风速传感器由风速感应组件和风速信号变换器等构成。风速感应组件由3~4个半球形或抛物锥形空心杯组成,风杯固定在互成120°的星形支架或互成90°的十字形支架上,杯的凹面朝向同一旋转方向,风杯支架固定在垂直旋转轴上。利用空心杯凸面与凹面之间的风压差产生转矩,使风杯旋转在一定风速(一般为0~60 m/s)范围内与风速成正比例关系。

实训图2.1　旋转风杯型风速传感器

风速信号变换器主要用于将风速信号变换成电信号或电脉冲信号,以便为风场风能资源评估、功率特性测试及系统变速变桨距控制等提供风速信号。旋转风杯型风速传感器的风速信号变换器普遍采用光电式结构,其工作原理如实训图2.2所示。在垂直旋转轴上安装一个码盘,码盘的圆周上均匀分布着很多小孔(孔数一般为60的整数倍),码盘小孔的两侧分别设置了红外光源和光敏晶体管。当风杯带动码盘旋转时,每转过一个孔距,红外光就会触发光敏晶体管开、关一次,从而产生一个电脉冲信号。码盘连续旋转时,单位时间产生的脉冲数与旋转轴的转速成正比,也就与风速成正比,即风速$v(\text{m/s})$、旋转轴转速$n(\text{r/min})$、传感器单位时间(一般为1 s)输出脉冲数N三者之间的关系为

$$v = k_1 n = k_2 N$$

式中　k_1、k_2——相应的比例系数。

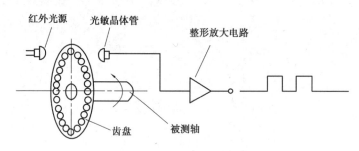

实训图2.2　光电式风速信号变换器原理

也可以在垂直旋转轴上安装一台微型永磁同步发电机,以代替光电式脉冲发生器产生风速脉冲信号。显然,永磁同步发电机的频率f与其转速n成正比,也就与风速v成正比。将永磁同步发电机的输出频率f经过整形放大后,就可以得到与光电式一样的脉冲信号。

$$v = k_1 n = k_1 \frac{60}{p} f = k_3 f$$

式中　p——发电机的极对数;

　　$k_3 = k_1 \dfrac{60}{p}$——相应的比例系数。

需要指出的是,以上两种风速传感器的脉冲发生器的测量精度为$1/N$。因此,风速越低,单位时间产生的脉冲数N越少,测量精度也就越低。一般来说,光电式传感器的测量精度要比发电机式传感器高出一个数量级以上,是目前使用的风速传感器的主导机型。

2.螺旋桨型风速传感器

螺旋桨型风速传感器的旋转轴一般水平放置,如实训图2.3所示,其脉冲发生器的结构与光电式相同。

3.热线型风速传感器

热线型风速传感器主要由加热元件和测温元件两部分构成,可以将风速信号变换成电信号。其工作原理为:将极细的金属丝放在流体中用恒流源通电加热(称为热线),热线在不同流速流体中的散热量不同,使热线的温度变化导致热线材料的电阻率变化,从而可以将流体的流速信号变换成热线两端的电压信号,然后再把电压信号变换成数字量输出。热线的

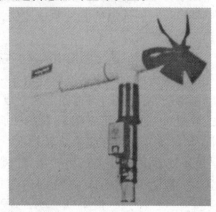

实训图2.3　螺旋桨型风速传感器

材料有铂、钨或铂-铑合金等,其长度一般为 0.5 ~ 2 mm,直径为 1 ~ 10 μm。热线型风速传感器的尺寸小,响应速度快,空间分辨率高,特别适合小风速和湍流的测量。

4. 超声波风速传感器

声波是一种机械波,在空气中传播时会受到风速的影响。声波在空气中的传播速度与风速之间遵循着一定的函数关系。因此,可以利用声波来探测风速。超声波传感器一般需要 2 ~ 3 组传感器,每组分别有一个超声波发射器和接收器,通过对超声波的传输时间的测量,就可以计算出通路间的风速。超声波风速传感器没有转动部件,具有良好的动态特性,能测定沿任何指定方向的风速分量,精度较高,但价格较贵,在旋转式风速传感器动态比对试验中常作为标准器使用。实训图 2.4 所示为两种常用的超声波传感器。

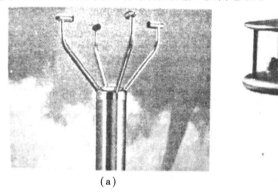 

(a)   (b)

实训图 2.4   两种常用的超声波传感器

三、实验步骤

(1)将风速传感器安装在支架上,放置模拟风源箱的前方。

(2)通过 PLC 编程,调节模拟风源的输出风量大小,风量从 0 m/s 逐渐调到 6 m/s。

(3)测量风速传感器输出的电压。

(4)记录数据,填入实训表 2.1 中,整理实验报告。

实训表 2.1

序号	风量/(m·s⁻¹)	输出电压/(V)	序号	风量/(m·s⁻¹)	输出电压/(V)
1	0		8	3.5	
2	0.5		9	4	
3	1		10	4.5	
4	1.5		11	5	
5	2		12	5.5	
6	2.5		13	6	
7	3		14		

四、实验仪器

(1)KNT-WP01 型风光互补发电实训系统。

(2)内六角扳手。

（3）十字形和一字形螺丝刀。

（4）导线、胶带。

（5）电烙铁、电烙铁架、焊锡丝、松香。

（6）万用表。

五、实验学时

2 学时。

六、实验报告内容

（1）记录实验过程。

（2）提交实验结果。

七、思考题

（1）如何将风速传感器的输出电压转换为风速量？

（2）请上网查询我国风力发电的状况。

（3）风力等级简称风级，是风强度的一种表示方法。国际上采用的是英国人蒲福于1805年所拟定的风级，称为蒲福风级。请上网查找蒲福风级表。

活动二 谐波测量

一、实验目的

（1）掌握谐波的概念。

（2）掌握谐波的测量方法。

二、实验原理

1. 傅里叶级数

傅里叶级数是进行谐波分析的主要数学工具。所谓谐波分析，是指利用傅里叶级数将非正弦周期变化的电压、电流、磁动势、电动势分解成一系列不同频率的正弦量之和，然后对各频率正弦量单独作用的情况进行分析计算，最后应用叠加原理把所得结果叠加起来，以便对电气设备的性能作出评价。由于采用了叠加原理，因此上述分析方法只适用于线性系统。

设给定的周期函数为 $f(x)$，可按傅里叶级数展开为

$$f(x) = a_0 + \sum_{k=1}^{\infty} (a_k \cos kx + b_k \sin kx)$$

式中，第一项 a_0 为 $f(x)$ 的恒定分量；第二项中，$k = 1,3,5,\cdots,k = 1$ 时称为 $f(x)$ 的基波分量，$k \geq 2$ 时称为相应次数的谐波分量，统称为高次谐波或简称谐波。系数 a_0、a_k、b_k 可按下式计算：

$$a_0 = \frac{1}{2\pi} \int_{-\pi}^{\pi} f(x) \, dx$$

$$a_k = \frac{1}{2\pi} \int_{-\pi}^{\pi} f(x) \cos kx \, dx$$

$$b_k = \frac{1}{2\pi} \int_{-\pi}^{\pi} f(x) \sin kx \, dx$$

可以看出，傅里叶级数是一个无穷级数，只有取无穷多次才能准确代表被分解的周期函数。然而，在应用实践中，却只能分析有限次数。一般来说，周期函数的正弦性畸变率越小，其波形越接近正弦形，其傅里叶级数展开式的收敛速度越快。因此，应用傅里叶级数对周期函数进行谐波分析时，究竟分析到多少次谐波，还应视不同课题的具体情况而定。

科学研究和工程实际中,常常根据傅里叶级数的基本原理编制出快速傅里叶分析软件,以便对非正弦的电磁场波形、电动势波形及电流波形等进行快速谐波分析。

将谐波分析原理应用到发电机和电力电子变流装置时,往往可以发现某些规律性,下面就这些规律性作简要介绍。

2. 在发电机中的应用

由于旋转电机结构上的对称性,发电机中的周期函数通常也具有对称性。在直角坐标系中,若周期函数以坐标系的纵轴为对称轴,则它是一个偶函数,用傅里叶级数分解时,只含有偶函数分量,而不含有奇函数分量(即正弦分量);反之,当周期函数以坐标系的原点为对称点时,它是一个奇函数,用傅里叶级数分解时,只含有正弦分量而不含有余弦分量。

原则上讲,坐标轴线的选取可以是任意的,一个对称周期变化的函数既可以表示成奇函数,也可以表示成偶函数,可视解决问题的方便性而定。

由于旋转电机结构上的对称性,发电机中的对称周期函数一般满足 $f(-x) = -f(x)$。也就是说,将函数波形沿坐标系横轴平行移动半个周期后,将与原波形对称于横轴,通常称为镜对称。可以证明,具有镜对称特性的周期函数的傅里叶展开式中只含有奇次谐波分量(即 1 次,3 次,5 次……),而不含有偶次谐波分量(即恒定分量和 2 次,4 次,6 次……)。实训图 2.5 所示为具有镜对称特性方波的傅里叶分解波形。为了清楚起见,图中只给出了基波、3 次谐波和 5 次谐波的波形。

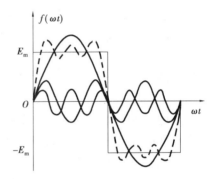

实训图 2.5 对称周期函数的傅里叶分解

风力发电普遍采用三相交流发电机。由电机原理可知,由于三相交流发电机电枢绕组均为三相对称绕组,可以证明,发电机的三相合成磁动势和线电动势中,不存在 3 次和 3 的整数倍次谐波。

综上所述,在理想情况下,三相交流发电机的合成磁动势和线电动势中,将只含有基波和 $(6k \pm 1)$ 次(即 1 次,5 次,7 次,11 次,13 次……)谐波,其中 $k = 1,2,3,\cdots$。因此,在研究如何改善发电机的电动势波形时,可以针对 5 次、7 次等对电动势波形影响较大、次数较低的谐波采取有效的措施。发电机中的齿谐波是一种对电动机性能影响很坏的谐波,应着重加以削弱和消除,一般应特别着重抑制和消除一阶和二阶谐波。发电机中的齿谐波次数 V_Z 由下式确定:

$$V_Z = k \frac{Z}{p} \pm 1$$

式中 k——齿谐波的阶数,$k = 1,2,3,\cdots$;

Z——电枢铁芯的槽数;

p——发电机的极对数。

目前,风力发电中主要采用的风力发电机组类型有恒速恒频机组、变速双馈机组和变速直驱机组等,它们所采用的发电机类型各不相同,发电机磁极结构和电枢绕组结构也各不相同,谐波分析的结果也有明显区别。

恒速恒频机组主要采用笼形感应发电机。为了改善机组的功率特性、提高风电能量转换效率,常采用双速感应发电机。双速感应发电机可分为双绕组双速和单绕组双速两种类型。

由于双绕组双速发电机的体积大,材料的有效利用率低,因此,大多采用性能更为优越的 4/6 变极的单绕组双速方案。这种双速绕组 4 极时为正规的 60° 相带绕组,可以有效抑制磁电动势谐波和电动势谐波;但变为 6 极时常常为非正规相带绕组,这时绕组产生的磁动势谐波和电动势谐波显著增加,使在 6 极下运行时发电机的输出电压波形较差。因此,在设计单绕组变极的双速绕组时,需要对绕组方案进行仔细的谐波分析,以便优选出波形较好的方案。

变速双馈机组采用双馈型感应发电机。双馈感应发电机的定子绕组直接并入电网,其产生谐波的情况与笼型感应发电机相同。而双馈感应发电机的转子绕组与电网之间需要串入一台交-直-交变流器,通过控制发电机转子边的转差功率实现机组的变速运行,从而改善机组的功率特性,提高风电能量转换效率。由于定子绕组和转子绕组都需要向电网馈电,因此都需要进行精心设计,以便最大限度地削弱高次谐波及其影响。

变速直驱机组常采用低速永磁同步电机。这时,发电机由风力机直接驱动,而不再设置齿轮箱等传动装置。为了改善机组的功率特性,提高风电电能量转换,在发电机定子绕组与电网之间需要串入一台交-直-交变流器,以便实现风力发电机组的变速恒频控制。由于风力机的额定转速很低,一般每分钟只有十几转,因此永磁同步发电机的级数很多。例如,有一台变速直驱机组使用的永磁同步发电机,额定转速为 15 r/min,额定频率为 10 Hz,级数为 80 极。由于电枢铁芯所能开出的槽数有限,为了获得与整数绕组同样的分布效果,多级低速永磁同步发电机常采用分数槽绕组,即发电机每极每相均摊到的槽数是一个分数。分数槽绕组可以显著抑制高次谐波,同时还可以消除低阶齿谐波,对改善发电机的性能及其电动势波形十分有利,但可能产生一系列次谐波(次数小于 1 的分数次谐波),将对发电机的性能造成影响。另外,永磁发电机的永磁体形状及其磁极结构也将对谐波含量及其大小产生重要影响。因此,对于低速永磁同步发电机同样需要进行仔细的谐波分析,以便优选出性能和波形俱佳的设计方案。

近年来,又出现了一种半直驱式机组,一般采用永磁同步发电机。其齿轮箱采用了较小的变速比,发电机的额定转速为 200 ~ 300 r/min。与直驱式相比,发电机的设计相对容易些,其谐波分析情况与直驱式类似。

实际上,尽管风力发电机组会产生谐波,但对于直接并入网的风力发电机组,如对于采用笼型感应发电机的恒速恒频机组,还没有因其产生的谐波干扰收到用户的投诉或损伤设备的实例,因此对其所产生的谐波可以不进行测量;对不直接并网的同步发电机组,仅产生有限的谐波。因此,只要符合 GB 755—2000 之 8.9 的要求(输出电压应为实际正弦波形和实际平衡系统),对机组产生的谐波也可不必要求。

三、实验步骤

(1)风力发电机的输出电压测量。通过 PLC 编程,调节模拟风源的电动机在 45 Hz 频率下旋转(在 50 Hz 下,模拟风源的噪声大),使用具有 FFT 测量功能的示波器测量风力发电机的输出电压波形,测量的波形要截屏分析。

(2)使用具有 FFT 测量功能的示波器测量测量逆变器的输出电压波形,测量的波形要截屏分析。

(3)记录实验过程和整理程序。

四、实验仪器

(1)KNT-WP01 型风光互补发电实训系统。

(2)UTD1025C 示波器。

(3)移动式存储器。

(4)记录用的笔、纸。

五、实验学时

2 学时。

六、实验报告内容

(1)记录实验过程。

(2)提交程序。

七、思考题

(1)调节 KNT-WP01 型风光互补发电实训系统的逆变器的不同死区时间,使用 UTD1025C 示波器的 FFT 功能测量不同死区时间的逆变器输出谐波,发现测量不同死区时间的谐波是不一样的,请分析。

(2)请简述频域法谐波分析仪和外差式谐波分析仪的工作原理。

活动三　频率和周期的测量

一、实验目的

(1)掌握频率的测量方法。

(2)掌握周期的测量方法。

二、实验原理

1. 测频法

测频法是在给定标准时间内累计传感器发生的脉冲数,即以被测量计数脉冲频率的方法来测量转速。测频法测速的原理框图如实训图 2.6 所示。

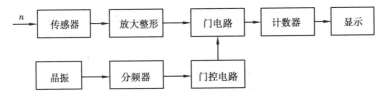

实训图 2.6　测频法原理框图

由光电转速传感器输出的脉冲信号经放大整形后,通过门电路送到计数器进行脉冲计数。为了选择一个标准时间来控制门电路的开/闭,一般使用晶体振荡器产生基准时间脉冲信号,经分频器分频后得到 0.1 s、1 s 等标准时间信号,通过门控电路发出指令来控制门电路的开/闭。

例:若被测轴转速为 $n(\text{r/min})$,被测轴每旋转一周,光电传感器所发出的脉冲数为 Z,测量的标准时间为 $t(\text{s})$,则计数器计数的脉冲数 N 为

$$N = \frac{n}{60}Zt$$

由此式可以看出,欲使计数脉冲数 N "等于"被测轴的转速 n,应使被测轴每转过一周,光电传感器发出的脉冲数 Z 与测试时间 t 的乘积等于 60,即 $Zt = 60$。例如,若取 $Z = 60$,$t = 1$ s,则计数器的级数脉冲数恰好等于被测轴的每分钟转数。

门控电路对计数脉冲的控制如实训图 2.7 所示。

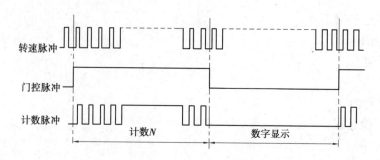

实训图 2.7　门控电路对计数脉冲的控制

由脉冲数计算式可知,采用测频法测速时,若被测轴的转速 n 较低时,由于计数脉冲数 N 较小,使测速精度降低。要想提高测速精度,应增大 N。显然,增加测试时间 t 的方法是不可取的,对于一般的光电传感器,增加圆盘圆周的孔数 Z 也是有困难的。而利用光栅技术的光电编码器可大幅度提高 Z 值,从而扩大了转速测量范围,同时提高了测量精度。

2. 测周法

测周法与测频法相反,它是用被测周期脉冲信号来控制门电路的开闭,晶体振荡器产生的高速时钟脉冲经门电路送入计数器计数,即用标准时钟脉冲信号来度量被测周期的长度。测周法的原理框图如实训图 2.8 所示。

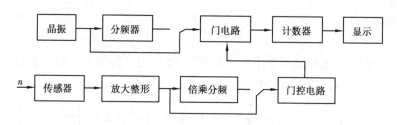

实训图 2.8　测周法原理框图

例:若时钟脉冲周期为 T_0,计数值为 N,则被测角位移周期为 $T_x = NT_0$。若被测轴每转一周传感器输出的脉冲数为 Z,则被测轴每转一周所需时间为 $T = ZT_x = ZNT_0$。因此,被测轴的每分钟转速为

$$n = 60f = \frac{60}{T} = \frac{60}{ZNT_0}(\text{r/min})$$

当被测轴转速提高时,被测角位移周期变短,计数器的计数值 N 减小,使测量误差增大。为了提高测量精度,一般采用被测周期倍乘措施,即将被测信号 M 分频,用倍乘周期信号区控制门电路时,门电路的开门时间增加为原来的 M 倍,即 MT_x,从而提高了测试精度。这时,被测轴的转速为

$$n = \frac{60M}{ZNT_0}(\text{r/min})$$

测周法测速电路的波形图如实训图 2.9 所示。

三、实验步骤

(1)设计 1 s 门电路。选用数字集成电路芯片设计 1 s 门电路、1 kHz 的脉冲源,用 1 s 门电路测量 1 kHz 的脉冲源。

(2)设计 0.1 s、0.01 s 门电路。选用数字集成电路芯片设计 0.1 s、0.01 s 门电路以及

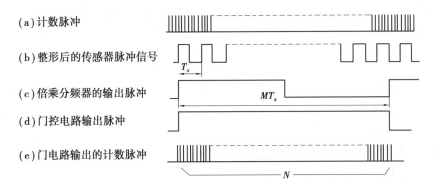

实训图 2.9　测周法测速电机的波形图

10 Hz的脉冲源。用0.1 s、0.01 s门电路分别测量 10 Hz 的脉冲源。

（3）整理实验报告。

四、实验仪器

（1）集成电路若干。

（2）导线、胶带。

（3）电烙铁、电烙铁架、焊锡丝、松香。

（4）万用表。

（5）示波器。

（6）记录用的笔、纸。

五、实验学时

4 学时。

六、实验报告内容

（1）记录实验过程。

（2）提交实验结果。

七、思考题

（1）分析实验步骤（1）和（2）的精度。

（2）为什么说测频率和测周期的方法基本是相同的，只是门的时间基准不相同？

活动四　电阻应变片特性及应用实验

一、实验目的

（1）了解电阻应变片的特性。

（2）熟悉电阻应变片的应用。

二、实验原理

1. 电阻应变法原理

在外力作用下，物体内部将产生应力，应力表征了物体的受力情况。受外力作用的物体还将发生几何形变，应变则表征了受力物体所产生相对变形的程度。胡克定律表明，在弹性限度内，应力与应变呈线性关系。因此，只要测得物体的应变，就可以知道该物体的受力情况。

通常使用应变片来测取物体的应变。把一根很细的，具有较高电阻率的金属丝按一定规律排列后，粘贴在基底上，焊好引出线后用覆盖层固定，就做成了一个应变片。如果应变片电

81

阻值的变化与应变呈线性关系,就可以利用应变片来测量应变(应力)了。

一根圆导线的电阻 R 为

$$R = \rho \frac{l}{s} \tag{1}$$

式中　ρ——电阻率;

l——导线长度;

s——导线截面积。

当导线沿轴向受力而增长 Δl 时,其径向将缩小 Δd,截面积将缩小 Δs,同时导线的电阻率也将变化 $\Delta \rho$。此时,电阻的增量 ΔR 为

$$\begin{aligned}\Delta R &= \frac{\partial R}{\partial \rho}\Delta \rho + \frac{\partial R}{\partial l}\Delta l + \frac{\partial R}{\partial s}\Delta s \\ &= \frac{l}{s}\Delta \rho + \frac{\rho}{s}\Delta l - \rho \frac{l}{s^2}\Delta s\end{aligned} \tag{2}$$

式(2)两端同时除以式(1),可得

$$\frac{\Delta R}{R} = \frac{\Delta \rho}{\rho} + \frac{\Delta l}{l} - \frac{\Delta s}{s} \tag{3}$$

式(3)表明,电阻的变化率为各参量变化率的代数和。

经过进一步推导和适当简化,式(3)可改写成

$$\frac{\Delta R}{R} = k_0 \varepsilon \tag{4}$$

式中,$\varepsilon = \frac{\Delta l}{l}$ 即为导线的纵向应变;k_0 为常数,称为金属材料的灵敏系数。可见,应变片的电阻变化率与应变呈线性关系,这就是电阻应变法测试应力所依据的基本原理。

2. 应变片的种类和特点

常用的应变片有以下 3 种类型。

1)电阻丝式应变片

电阻丝式应变片的结构如实训图 2.10(a)所示。为了增大应变片的电阻值,导线很细而且排列成栅状,导线直径一般约为 0.025 mm。

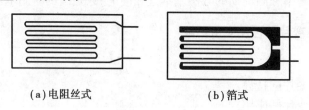

(a)电阻丝式　　　　　　　　(b)箔式

实训图 2.10　应变片

2)箔式应变片

箔式应变片的结构如实训图 2.10(b)所示。电阻敏感元件不是采用金属丝,而是采用光刻、腐蚀等工艺制成的金属箔栅,金属箔的厚度为 0.003 ~ 0.1 mm。箔式应变片的表面积大,散热条件好,允许电流大,应变片感受的应力状态与被试物体表面更为接近,端部效应小,因此测量精度较高。

常用金属应变片材料及其主要性能见实训表 2.2。

实训表2.2　常用应变片材料及其性能

材料名称	成分		灵敏系数 k_0	电阻率 $\rho/(\Omega \cdot mm^2 \cdot m^{-1})$	电阻温度系数 $\alpha_t/(10^{-6} \cdot \text{℃}^{-1})$	线膨胀系数 $\beta/(10^{-6} \cdot \text{℃}^{-1})$
	元素	百分比				
康铜	Cu	57	2.0	0.49	$-20 \sim 20$	14.9
	Ni	43				
镍铬合金	Ni	80	$2.1 \sim 2.5$	$0.9 \sim 0.11$	$110 \sim 150$	14.0
	Cr	20				
镍-铬-铝合金	Ni	73	2.4	1.33	$-10 \sim 10$	13.3
	Cr	20				
	Al	$3 \sim 4$				
	Fe	余量				

3）半导体应变片

单晶硅半导体的压阻效应制成的应变片,对单晶硅某一轴向施加一定载荷而产生应力时,单晶硅的电阻率也会随之发生变化。与上面两种金属式应变片相比,半导体应变片的灵敏度很高,但其电阻温度系数大,非线性严重,使用时需要进行非线性处理。

三、实验步骤

（1）自行设计一个电桥电路。

（2）电阻应变片的应用。将一个电阻应变片沾在 3 mm×3 mm 的铝型材上,并将该电阻应变片作为电桥的一个臂。对铝型材施加压力,测量电桥电路的输出。

四、实验仪器

（1）电阻应变片。

（2）电阻、可调电阻若干。

（3）直流电源。

（4）万用表。

（5）铝型材。

（6）黏结剂。

（7）记录用的笔、纸。

五、实验学时

4 学时。

六、实验报告内容

（1）记录实验过程。

（2）提交实验报告。

七、思考题

请分析对铝型材施加压力的大小与电桥电路的输出关系。

任务二　逆变技术

活动一　用示波器观察 SPWM

一、实验目的

(1) 熟悉示波器的使用。

(2) 了解 DSP 产生 SPWM 的原理。

(3) 了解 SPWM 的波形特征。

(4) 了解死区时间在单极性 SPWM 调制中的实现。

二、实验原理

TMS320F2812 内部集成了两个事件管理器单元(EVA,EVB)。所谓事件管理器单元,可以理解为"定时 + 动作",即在预先设定的时刻完成指定的动作,如在 1 μs 时刻将管脚拉高,在 2 μs 时刻将其拉低。

TMS320F2812 的 EVA 和 EVB 各具有 6 路 PWM 信号输出,分别为 EVA 的 PWM1 ~ PWM6,以及 EVB 的 PWM7 ~ PWM12. EVA 和 EVB 的功能完全一致。

EVA 的 6 路 PWM 信号,对应于芯片的 PA0 ~ PA5 引脚。这 6 路信号可分为 3 组,分别为第一组 PWM1 和 PWM2,第二组 PWM3 和 PWM4,第三组 PWM5 和 PWM6。

PWM 信号的周期决定于 EVA 的定时器周期,各路信号的占空比决定于相应的比较单元的值。EVA 包括三个比较单元:CMPR1,CMPR2,CMPR3。同一组的 PWM 信号,对应于同一个比较单元。即 CMPR1 决定 PWM1 和 PWM2 的占空比;CMPR2 决定 PWM3 和 PWM4 的占空比;CMPR3 决定 PWM5 和 PWM6 的占空比。同一组的两个 PWM 信号还能通过其控制寄存器设置其动作为相同或者互补。

如要产生两路互补、死区时间为 1 μs、占空比分别为 20% 和 80%、频率为 75 kHz 的 PWM 信号,可对 EVA 单元配置如下:

(1) 根据所需信号的频率,设置 EVA 定时器的计数频率为 75 MHz,计数周期 T1PR 为 75 MHz/75 kHz = 1 000。

(2) 根据占空比,设置 CMPR1(使用 PWM1 和 PWM2)的值为 1 000 × 20% = 200。

(3) 根据死区时间长度设置死区定时器的计数频率为 75 MHz,死区定时器周期为 75。

(4) 根据要求互补设置 PWM1 为高有效,PWM2 为低有效。

利用 EV 单元产生 SPWM。SPWM 是周期不变,占空比按正弦规律变化的 PWM 信号。通过上面的介绍可以知道,周期不变,即保持计数周期 T1PR 不变;占空比按正弦规律变化,即比较值 CMPR1 按正弦规律变化。用 SPWM 调制的方法将 311 V 直流高压调制成 50 Hz、220 V 正弦交流电压的过程中,SPWM 被称为载波。若载波频率为 16 kHz,则每个周期的载波数为 16 kHz ÷ 50 Hz = 320。又由于上半周期和下半周期的变化规律相同,均为(sin 0 × 幅值) ~ (sin π × 幅值)的变化,因此每半周期需要 160 个载波,且第 i 个载波周期的占空比应为 $\sin((i/160) \times \pi)$。基于以上思想,先设置好载波频率,计数器采用先向上后向下的计数方式,在每次计数值达到载波周期时,重置 CMPR1 的值,在半周期结束后切换方向。

三、实验步骤

(1)打开双踪示波器和逆变器。

(2)用示波器的两个通道分别测量驱动信号 PWM1 和 PWM2。

(3)调整示波器的增益和扫描频率至合适挡位,观察波形。

(4)观察波形的频率,死区等参数。

(5)记录和整理实验报告。

四、实验仪器

(1)KNT-SPV02 光伏发电实训装置。

(2)双踪示波器。

(3)U 盘。

五、实验学时

1 学时。

六、实验报告内容

(1)记录实验过程。

(2)提交实验结果。

七、思考题

(1)为什么需要存在死区?

(2)死区的存在对逆变器输出波形有何影响?

活动二　调制比对逆变器输出的影响

一、实验目的

(1)了解调制比的基本概念。

(2)了解调制比对逆变输出波形的影响。

(3)了解调制比在 SPWM 调制方式中的实现。

二、实验原理

(1)调制波的幅值与载波的幅值之比称为调制比。单极性 PWM 控制波形如实训图 2.11 所示。

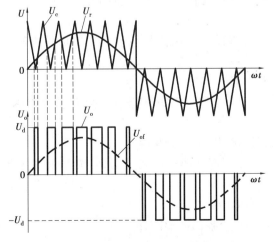

实训图 2.11　单极性 PWM 控制波形

（2）图中调制比 $=AU_\mathrm{r}/(AU_\mathrm{c})$。

（3）逆变器带有通信接口，可通过 MODBUS RTU 协议从上位机设置逆变器的调制比。

三、实验步骤

（1）用 RS232 通信线连接 PC 机与逆变器。

（2）在 PC 机上用超级终端或其他串口调试工具，按 MODBUS RTU 格式向逆变器发送同数值的调制比参数。

（3）用万用表交流电压挡测量逆变器的输出电压，用示波器观察输出电压波形。

（4）比较不同调制比参数下输出波形的异同。

（5）记录和整理实验报告。

四、实验仪器

（1）KNT-SPV02 光伏发电实训装置。

（2）示波器。

（3）PC 机一台（自带 RS232 通信接口）。

（4）万用表。

五、实验学时

1 学时。

六、实验报告内容

（1）记录实验过程。

（2）提交实验结果。

七、思考题

（1）改变调制比，实际上改变了 SPWM 波形的什么参数？

（2）结合调制比的概念，简述什么叫做过调制。

活动三　载波比对逆变器输出的影响

一、实验目的

（1）了解载波比的基本概念。

（2）了解载波比对逆变输出波形的影响。

（3）了解载波比比在 SPWM 调制方式中的实现

二、实验原理

（1）载波的频率与调制波频率之比称为载波比。单极性 PWM 控制波形如实训图 2.12 所示。

（2）图中调制比 $=fU_\mathrm{c}/(fU_\mathrm{r})$。

（3）逆变器带有通信接口，可通过 MODBUS RTU 协议从上位机设置逆变器的载波比。

三、实验步骤

（1）用 RS232 通信线连接 PC 机与逆变器。

（2）在 PC 机上用超级终端或其他串口调试工具，按 MODBUS RTU 格式向逆变器发送同数值的载波比参数。

（3）用示波器观察输出电压波形。

（4）比较不同载波比参数下输出波形的异同。

（5）记录和整理实验报告。

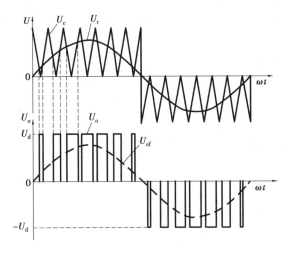

实训图 2.12 单极性 PWM 控制波形

四、实验仪器

(1) KNT-SPV02 光伏发电实训装置。

(2) 示波器。

(3) PC 机一台(自带 RS232 通信接口)。

(4) 万用表。

(5) U 盘。

五、实验学时

1 学时。

六、实验报告内容

(1) 记录实验过程。

(2) 提交实验结果。

七、思考题

(1) 载波比影响了输出电压的什么特性?

(2) 载波比的增加会导致处理器发生什么问题?

活动四 死区时间对逆变器输出的影响

一、实验目的

(1) 了解死区时间的基本概念。

(2) 了解死区时间对输出波形的影响。

二、实验原理

(1) 功率开关器件完全关闭所需要的时间大于其导通所需要的时间。

(2) 逆变主电路示意图如实训图 2.13 所示。同一桥臂上的两个开关器件 V_1 和 V_2(或 V_3 和 V_4)若处于同时导通的状态,会导致直流母线短路,可能引发严重后果。

(3) TMS320F2812 DSP 自带死区产生单元,可根据需

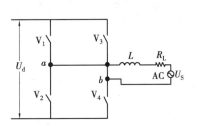

实训图 2.13 逆变主电路示意图

87

要产生可调节的死区长度。

三、实验步骤

（1）用 RS232 通信线连接 PC 机与逆变器。

（2）在 PC 机上用超级终端或其他串口调试工具，按 MODBUS RTU 格式向逆变器发送同数值的死区时间参数。

（3）用示波器观察输出电压波形。

（4）比较不同死区时间参数下输出波形的异同。

（5）记录和整理实验报告。

四、实验仪器

（1）KNT-SPV02 光伏发电实训装置。

（2）示波器。

（3）PC 机一台（自带 RS232 通信接口）。

（4）万用表。

（5）U 盘。

五、实验学时

1 学时。

六、实验报告内容

（1）记录实验过程。

（2）提交实验结果。

参考实验结果如实训图 2.14 所示。

七、思考题

（1）如何通过硬件实现死区？

（2）简述死区对输出波形产生影响的原因。

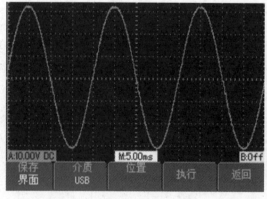
（a）50 Hz 正弦波

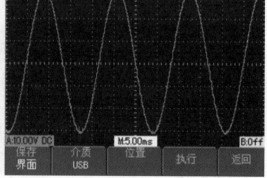
（b）60 Hz 正弦波

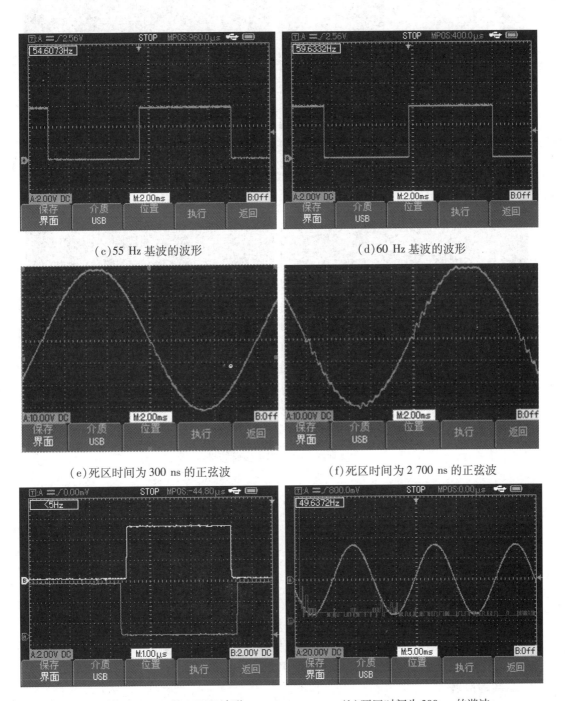

(c)55 Hz 基波的波形　　　　　　　　　(d)60 Hz 基波的波形

(e)死区时间为 300 ns 的正弦波　　　　　(f)死区时间为 2 700 ns 的正弦波

(g)死区时间为 300 ns 的 SPWM 波形　　　(h)死区时间为 300 ns 的谐波

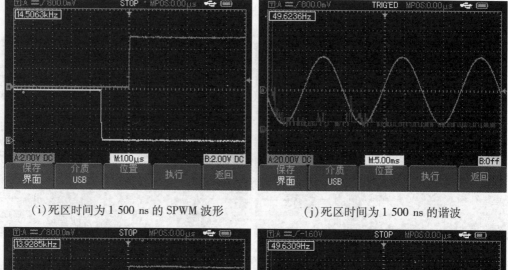

(i)死区时间为 1 500 ns 的 SPWM 波形 (j)死区时间为 1 500 ns 的谐波

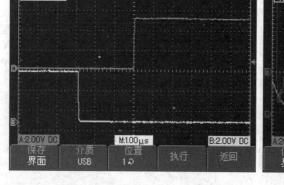
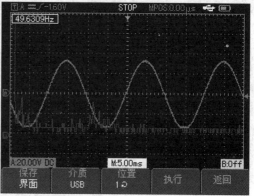

(k)死区时间为 2 700 ns 的 SPWM 波形 (l)死区时间为 2 700 ns 的谐波

实训图 2.14 参考实验结果

任务三 风光发电技术

活动一 光伏电池光源跟踪设备组装

一、实验目的
(1)熟悉水平方向和俯仰方向运动机构以及光源移动机构。
(2)能够组装水平方向和俯仰方向运动机构以及光源移动机构。
(3)了解光线传感器原理,并能够正确使用光线传感器。

二、实验原理

1.水平方向和俯仰方向运动机构

KNT-SPV02 型光伏发电实训系统的水平方向和俯仰方向运动机构结构图如实训图 2.15 所示。水平方向和俯仰方向运动机构有两个减速箱,一个为水平方向运动减速箱,另一个为俯仰方向运动减速箱,这两个减速箱的减速比为 1:80,分别由水平运动和俯仰运动直流电动机通过传动链条驱动。光伏电池方阵安装在水平方向和俯仰方向运动机构上方,如实训图 2.16

所示。当水平方向和俯仰方向运动机构运动时,带动光伏电池方阵作水平方向偏转移动和俯仰方向偏转移动。

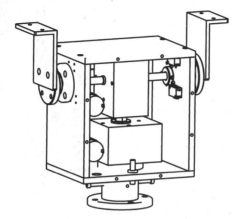

实训图 2.15　水平方向和俯仰方向运动机构

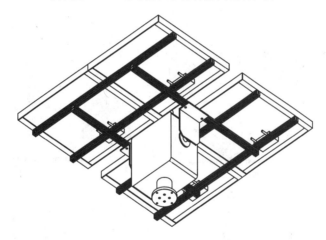

实训图 2.16　光伏电池方阵与水平方向和俯仰方向运动机构

2.光源移动机构

光源移动机构如实训图 2.17 所示。摆杆支架安装在摆杆减速箱的输出轴上,摆杆减速箱的减速比为 1∶3 000,摆杆减速箱由单相交流电动机驱动,摆杆支架上方安装 2 盏 300 W 的投射灯。当交流电动机正、逆交替旋转时,投射灯随摆杆支架做正、逆圆周连续运动。

将水平方向和俯仰方向运动机构以及光源移动机构安装在底座支架上,组成光伏电池组件光源跟踪装置,如实训图 2.18—2.19 所示。实训图 3.6—3.7 分别是光伏电池方阵偏转移动示意图和投射灯光源连续运动示意图。水平方向和俯仰方向运动机构中装有接近开关和微动开关,作为光伏电池方阵水平偏转和俯仰偏转的极限位置信号。光源移动机构连接的底座支架部分安装接近开关,用于限位。

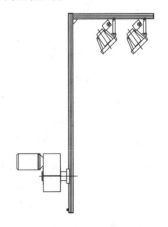

实训图 2.17　光源移动机构

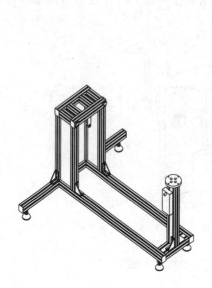
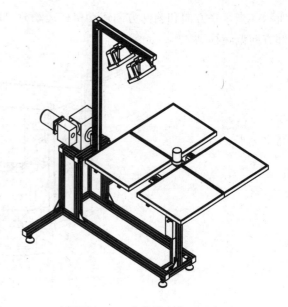

实训图 2.18 光伏供电装置底座支架示意图　　　实训图 2.19 光伏供电装置示意图

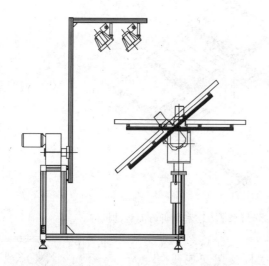
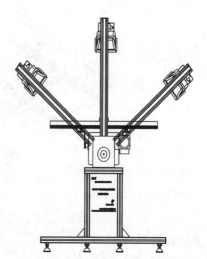

实训图 2.20 光伏电池方阵偏转移动示意图　　实训图 2.21 投射灯光源连续运动示意图

三、实验步骤

（1）拆卸水平方向和俯仰方向运动机构，然后进行组装。

（2）拆卸光源移动机构的摆杆支架、2 盏 300 W 的投射灯，然后进行组装。拆卸投射灯之前，应切断电源，不得带电操作。投射灯的引线用绝缘胶带包好。

（3）拆卸光伏电池组件，然后进行并联组装。

（4）拆卸限位开关，然后进行组装并焊接线，焊接线用绝缘胶带包好。

（5）记录和整理实验报告。

四、实验仪器

（1）KNT-SPV02 型光伏发电实训系统。

（2）内六角扳手、活络扳手。

（3）十字形和一字形螺丝刀。

（4）导线、胶带。

（5）电烙铁、电烙铁架、焊锡丝、松香。

（6）万用表。

（7）相应的螺丝和螺母。

五、实验学时

4 学时。

六、实验报告内容

（1）记录实验过程。

（2）提交实验结果。

七、思考题

（1）光源移动机构有何作用？

（2）水平方向和俯仰方向运动机构有何作用？

活动二　光伏电池光源跟踪 PLC 程序设计

一、实验目的

（1）熟悉西门子 S7-200PLC 基本指令。

（2）掌握西门子 S7-200PLC 输入、输出配置。

（3）能够利用西门子 S7-200PLC 编制光伏电池光源跟踪的手动控制程序。

（4）能够利用西门子 S7-200PLC 编制光伏电池光源跟踪的自动控制程序。

二、实验原理

KNT-SPV02 型光伏发电实训系统中的光伏供电系统主要由光伏电源控制单元、光伏输出显示单元、触摸屏、光伏供电控制单元、DSP 控制单元、接口单元、西门子 S7-200PLC、继电器组、接线排、蓄电池组、可调电阻、断路器、12 V 开关电源、网孔架等组成。

1. 光伏电源控制单元

光伏电源控制单元面板如实训图 2.22 所示。光伏电源控制单元主要由断路器、+24 V 开关电源、AC220 V 电源插座、指示灯、接线端 DT1 和 DT2 等组成。接线端子 DT1.1、DT1.2 和 DT1.3、DT1.4 分别接入 AC220 V 的 L 和 N。接线端子 DT2.1、DT2.2 和 DT2.3、DT2.4 分别输出 +24 V 和 0 V。

2. 光伏输出显示单元面板

光伏输出显示单元面板如实训图 2.23 所示。光伏输出显示单元主要由直流电流表、直流电压表、接线端 DT3 和 DT4 等组成。接线端子 DT3.3、DT3.4 和 DT4.3、DT4.4 分别接入 AC220V 的 L 和 N。接线端子 DT3.5、DT3.6 和 DT4.5、DT4.6 分别是 RS485 通信端口。接线端子 DT3.1、DT3.2 和 DT4.1、DT4.2 分别用于测量和显示光伏电池方阵输出的直流电流和直流电压。

3. 光伏供电控制单元

光伏供电控制单元主要由选择开关、急停按钮、带灯按钮,以及接线端 DT5、DT6 和 DT7 等组成,光伏供电控制单元面板如实训图 2.24 所示。选择开关自动挡、启动按钮、向东按钮、向西按钮、向北按钮、向南按钮、灯 1 按钮、灯 2 按钮、东西按钮、西东按钮、停止按钮均使用常开

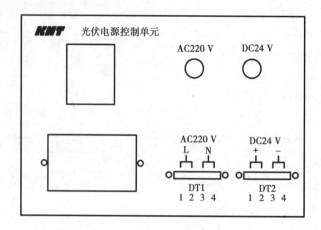

实训图 2.22　光伏电源控制单元面板

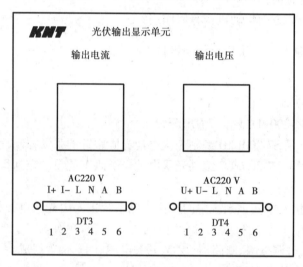

实训图 2.23　光伏输出显示单元面板

触点,分别接在接线端子的 DT5.2、DT5.3、DT5.5、DT5.6、DT5.7、DT5.8、DT6.1、DT6.2、DT6.3、DT6.4、DT6.5 等端口。急停按钮使用常闭触点,接在接线端子的 DT5.4 端口。接线端子 DT5.1 和 DT6.6 分别接入 +24 V 和 0 V。接线端 DT7 有 10 个端口,分别接入相应按钮的指示灯。

4. 光伏供电主电路

光伏供电主电路电气原理如实训图 2.25 所示。继电器 KA1 和继电器 KA2 将单相 AC220 V 通过接插座 CON2 提供给摆杆偏转电动机。电动机旋转时,安装在摆杆上的投射灯由东向西方向或由西向东方向移动。摆杆偏转电动机是单相交流电动机,正、反转由继电器 KA1 和继电器 KA2 分别完成。

继电器 KA7 和继电器 KA8 将单相 AC220 V 通过接插座 CON3 分别提供给投射灯 1 和投射灯 2。

光伏电池方阵分别向东偏转或向西偏转是由水平运动直流电动机控制,正、反转由继电器 KA3 和继电器 KA4 通过接插座 CON4 向直流电动机提供不同极性的直流 24 V 电源,实现直

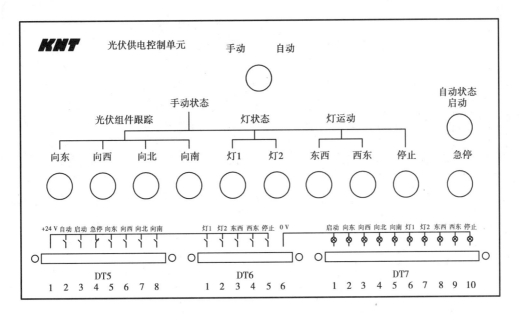

实训图 2.24　光伏供电控制单元面板

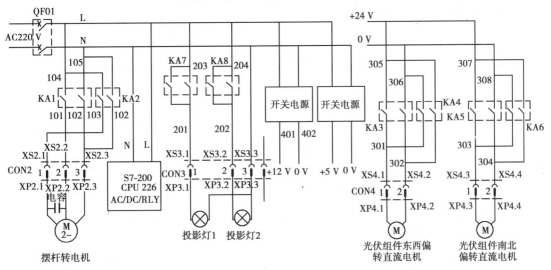

实训图 2.25　光伏供电主电路电气原理图

流电动机的正、反转。光伏电池方阵分别向北偏转或向南偏转是由俯仰运动直流电动机控制，正、反转由继电器 KA5 和继电器 KA6 完成。

直流 12 V 开关电源是提供给光线传感器控制盒中的继电器线圈使用。继电器 KA1 至继电器 KA8 的线圈使用 +24 V 电源。

5. 西门子 S7-200 CPU226

光伏供电系统使用西门子 S7-200 CPU226 作为光伏供电装置工作的控制器。该 PLC 有 24 个输入、16 个继电器输出，输入输出的接口如实训图 2.26 所示。

6. S7-200 CPU226 输入输出配置

S7-200 CPU226 输入输出配置请见实训表 2.3。

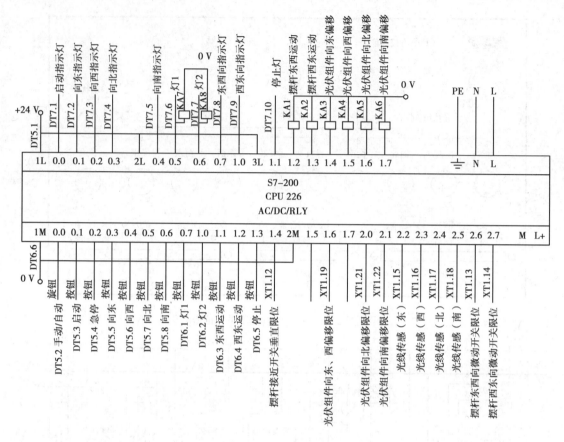

实训图 2.26   S7-200 CPU226 输入输出接口

实训表 2.3   S7-200 CPU226 输入输出配置

序号	输入输出	配 置	序号	输入输出	配 置
1	I0.0	旋转开关自动挡	15	I1.6	光伏组件向东、向西限位开关
2	I0.1	启动按钮	16	I1.7	未定义
3	I0.2	急停按钮	17	I2.0	光伏组件向北限位开关
4	I0.3	向东按钮	18	I2.1	光伏组件向南限位开关
5	I0.4	向西按钮	19	I2.2	光线传感器(光伏组件)向东信号
6	I0.5	向北按钮	20	I2.3	光线传感器(光伏组件)向西信号
7	I0.6	向南按钮	21	I2.4	光线传感器(光伏组件)向北信号
8	I0.7	灯1按钮	22	I2.5	光线传感器(光伏组件)向南信号
9	I1.0	灯2按钮	23	I2.6	摆杆东西向限位开关
10	I1.1	东西按钮	24	I2.7	摆杆西东向限位开关
11	I1.2	西东按钮	25	Q0.0	启动按钮指示灯
12	I1.3	停止按钮	26	Q0.1	向东按钮指示灯
13	I1.4	摆杆接近开关垂直限位	27	Q0.2	向西按钮指示灯
14	I1.5	未定义	28	Q0.3	向北按钮指示灯

续表

序号	输入输出	配　置	序号	输入输出	配　置
29	Q0.4	向南按钮指示灯	37	Q1.4	继电器 KA3 线圈
30	Q0.5	灯1按钮指示灯、KA7 线圈	38	Q1.5	继电器 KA4 线圈
31	Q0.6	灯2按钮指示灯、KA8 线圈	39	Q1.6	继电器 KA5 线圈
32	Q0.7	东西按钮指示灯	40	Q1.7	继电器 KA6 线圈
33	Q1.0	西东按钮指示灯	41	1 M	0 V
34	Q1.1	停止按钮指示灯	42	2 M	0 V
35	Q1.2	继电器 KA1 线圈	43	1 L	DC24 V
36	Q1.3	继电器 KA2 线圈	44	2 L	DC24 V

KNT-SPV02 型光伏发电实训系统 PLC 中已有参考程序,可以了解设备的运行情况。

三、实验步骤

1. S7-200 CPU226 输入、输出配置要求

S7-200 CPU226 输入、输出配置见实训表2.4,除了 Q0.0、Q0.1、Q1.6、Q1.7 不使用外,其他端口自行定义。

实训表 2.4　S7-200 CPU226PLC 的输入输出配置表

序号	输入输出	配　置	序号	输入输出	配　置
1	I0.0		15	I1.6	
2	I0.1		16	I1.7	
3	I0.2		17	I2.0	
4	I0.3		18	I2.1	
5	I0.4		19	I2.2	
6	I0.5		20	I2.3	
7	I0.6		21	I2.4	
8	I0.7		22	I2.5	
9	I1.0		23		
10	I1.1		24	I2.6	
11	I1.2		25	I2.7	
12	I1.3		26	Q0.0	不使用
13	I1.4		27	Q0.1	不使用
14	I1.5		28	Q0.2	

续表

序号	输入输出	配　置	序号	输入输出	配　置
29	Q0.3		38	Q1.4	
30	Q0.4		39	Q1.5	
31	Q0.5		40	Q1.6	不使用
32	Q0.6		41	Q1.7	不使用
33	Q0.7		42	1 M	0 V
34	Q1.0		43	2 M	0 V
35	Q1.1		44	1 L	+24 V
36	Q1.2		45	2 L	+24 V
37	Q1.3		46	3 L	+24 V

2. 光伏电池光源跟踪的控制程序编制

不改变光伏供电控制单元的按钮、旋钮、急停按钮的功能,根据光伏供电控制单元的选择开关和按钮的定义,操作光伏供电控制单元上的选择开关和相关按钮,控制光伏电池组件、投射灯和摆杆做相应的动作。

要求:

(1)光伏供电控制单元的选择开关有两个状态。选择开关拨向左边时,PLC 处在手动控制状态,可以进行光伏电池组件跟踪、灯状态、摆杆运动操作,各功能按钮有效时,相应按钮指示灯亮。选择开关拨向右边时,PLC 处在自动控制状态,按下启动按钮,PLC 执行自动控制程序。PLC 执行自动控制程序时,除了启动按钮指示灯、灯 1 和灯 2 按钮指示灯亮外,其他各功能按钮指示灯不亮。

(2)PLC 处在手动控制状态时,按下向东按钮,向东按钮的指示灯亮,光伏电池组件向东偏转 3 s 后停止偏转运动,向东按钮的指示灯熄灭。在光伏电池组件向东偏转的过程中,再次按下向东按钮或停止按钮或急停按钮,向东按钮的指示灯熄灭,光伏电池组件停止偏转运动。

按下向西按钮,向西按钮的指示灯亮,光伏电池组件向西偏转 3 s 后停止偏转运动,向西按钮的指示灯熄灭。在光伏电池组件向西偏转的过程中,再次按下向西按钮或停止按钮或急停按钮,向西按钮的指示灯熄灭,光伏电池组件停止偏转运动。

向东按钮和向西按钮在程序上采取互锁关系。

向北按钮和向南按钮的作用与向东按钮和向西按钮的作用相同。

(3)PLC 处在手动控制状态时,按下灯 1 按钮,灯 1 按钮的指示灯亮,投射灯 1 亮。再次按下灯 1 按钮或按下停止按钮或急停按钮,灯 1 按钮的指示灯熄灭,投射灯 1 熄灭。

PLC 处在手动控制状态时,按下灯 2 按钮,灯 2 按钮的指示灯亮,投射灯 2 亮。再次按下灯 2 按钮或按下停止按钮或急停按钮,灯 2 按钮的指示灯熄灭,投射灯 2 熄灭。

(4)PLC 处在手动控制状态时,按下东西按钮,东西按钮的指示灯亮,摆杆由东向西方向连续移动。在摆杆由东向西方向连续移动的过程中,再次按下东西按钮或按下停止按钮或急停按钮,东西按钮的指示灯熄灭,摆杆停止运动。摆杆由东向西方向移动处于极限位置时,东西按钮的指示灯熄灭,摆杆停止移动。

如果按下西东按钮,西东按钮的指示灯亮,摆杆由西向东方向连续移动。在摆杆由西向东方向连续移动的过程中,再次按下西东按钮或按下停止按钮或急停按钮,西东按钮的指示灯熄灭,摆杆停止运动。摆杆由西向东方向移动处于极限位置时,西东按钮的指示灯熄灭,摆杆停止移动。

东西按钮控制和西东按钮控制在程序上采取互锁关系。

(5)PLC 处在自动控制状态,按下启动按钮,摆杆向东连续移动,到达摆杆极限位置时,摆杆停止移动。该过程中,投射灯不亮。2 s 后,投射灯 1 和投射灯 2 亮,光伏电池组件对光跟踪。对光跟踪结束时,摆杆由东向西方向移动,即移动 1 s 停 1 s,摆杆不连续移动。摆杆由东向西方向开始移动时,光伏电池组件对光跟踪,当摆杆到达摆杆极限位置时,摆杆停止移动。光伏电池组件对光跟踪结束时,投射灯熄灭。2 s 后,摆杆向东连续移动,到达垂直接近开关位置时,摆杆停止移动,投射灯 1 和投射灯 2 亮,光伏电池组件对光跟踪。对光跟踪结束时,投射灯熄灭。2 s 后,投射灯 1 亮 1 s 熄灭,1 s 后,投射灯 2 亮 1 s 熄灭,自动控制程序结束。

在自动控制状态下,当按下停止按钮或急停按钮时,投射灯熄灭、摆杆和光伏电池组件停止运动。

3.光伏电池组件偏移方向的定义和摆杆移动方向的定义

光伏电池组件偏移方向的定义和摆杆移动方向的定义如实训图 2.27 所示。靠近摆杆的投射灯定义为投射灯 1(简称灯 1),另 1 盏投射灯定义为投射灯 2(简称灯 2)。

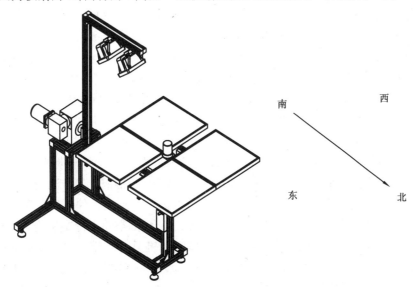

实训图 2.27　光伏电池组件偏移方向的定义和摆杆移动方向的定义

记录实验过程和整理程序。

四、实验仪器

(1)KNT-SPV02 型光伏发电实训系统。

(2)移动式存储器。

(3)记录用的笔、纸。

五、实验学时

4 学时。

六、实验报告内容

(1)记录实验过程。

(2)提交程序。

七、思考题

(1)简述光线传感器的作用。

(2)光伏电池组件偏移时,电压表和电流表上的读数有何变化?

活动三 光伏电池的输出特性测试

一、实验目的

(1)理解光伏电池开路电压的概念。

(2)理解光伏电池短路电流的概念。

(3)理解光伏电池输出功率的概念。

(4)正确掌握光伏电池输出特性的测试方法。

二、实验原理

太阳能光伏电池多为半导体半导体材料制成,种类繁多,形式各样。太阳能光伏电池按照材料不同可分为四类。

(1)硅光伏电池:以硅为基体材料的光伏电池,如单晶硅光伏电池、多晶硅光伏电池和非晶硅光伏电池等。多晶硅光伏电池又有片状多晶硅光伏电池、铸锭多晶硅光伏电池、筒状多晶硅光伏电池和球状多晶硅光伏电池等。硅光伏电池特点是由于硅资源丰富,可以大规模生产,性能稳定且光电转化效率高,是目前应用最多的光伏电池。但其制造过程复杂,成本高。目前市场上使用得最多的是单晶硅光伏电池,转换率为 17% 左右,但是制造成本较贵;多晶硅光伏电池转换率为 14% 左右,制造成本比单晶硅光伏电池低;非晶硅光伏电池转换率为 6% 左右,属于薄膜电池,造价低廉。

(2)化合物半导体光伏电池:由两种或两种以上元素组成的具有半导体特性的化合物半导体材料制成的光伏电池,如碲化镉光伏电池、砷化镓光伏电池、硒铟铜光伏电池、磷化铟光伏电池等。化合物半导体光伏电池具有转换效率高,抗辐射性好,可在聚光条件下使用等特点,但碲化镉光伏电池带有毒性,易对环境造成污染,一般用于特定场合,如空间飞行器和航空系统。

(3)有机半导体光伏电池:用航油一定数量的碳—碳键且导电能力介于金属和绝缘体之间的半导体材料制成的光伏电池。该电池虽然转换率低,但价格便宜,轻便,易于大规模制造。

(4)薄膜光伏电池:用单质元素、无机化合物或有机材料等制作的薄膜为基体材料的光伏电池。目前主要有非晶硅薄膜光伏电池、多晶硅薄膜光伏电池、化合物半导体薄膜光伏电池、纳米晶薄膜光伏电池和微晶硅薄膜光伏电池等。其特点是转换效率相对较高、成本较低(尤其是大大降低了晶体硅类光伏电池的硅材料用量)且适合规模生产,因此薄膜光伏电池是未来光伏电池的一个重要发展方向。

1.硅光伏电池的基本原理

硅光伏电池是半导体 PN 结接收太阳光照产生光生电势效应,将光能变换为电能的变换器。当太阳光照射到具有 PN 结的半导体表面,P 区和 N 区中的价电子受到太阳光子的冲击,获得能量,摆脱共价键的束缚,产生电子和空穴,被太阳光子激发产生的电子和空穴在半导体中复合,不呈现导电作用。在 PN 结附近,P 区被太阳光子激发产生的电子少数载流子受漂移作用到达 N 区,同样,N 区被太阳光子激发产生的空穴少数载流子受漂移作用到达 P 区。少数载流子漂移对外形成与 PN 结电场方向相反的光生电场,如果接入负载,N 区的电子通过外电路负载流向 P 区形成电子流,进入 P 区后与空穴复合。由于电子流动方向与电流流动的方向相反,光伏电池接入负载后,电流是从电池的 P 区流出,经过负载流入 N 区,回到电池。

光伏电池单体是光电转换最小的单元,尺寸为 4 ~ 100 cm² 不等。光伏电池单体的工作电压通常为 0.45 ~ 0.5 V,工作电流范围为 20 ~ 25 mA/cm²。光伏电池通常不能单独作为光伏电源使用,而将若干光伏电池串并联封装后,形成光伏电池组,是可以单独作为电源使用的最小单元,其功率一般为几瓦至几十瓦、百余瓦。光伏电池组件再经过串并联组合可以形成光伏电池阵列,以满足光伏发电系统负载所需的输出功率。

2.光伏电池的数学模型

根据半导体电子学理论,当负载为电阻 R_L 时,光伏电池的等效电路如实训图 2.28 所示。当日照强度恒定时,光电流 I_L 可看作一恒流源,二极管的正向电流 I_D 和并联电阻的电流 I_{sh} 都由光电流 I_L 提供,剩余的光电流通过串联电阻 R_S 流出光伏电池进入负载并在负载端产生电压 V。根据图中电流电压参考方向,光伏电池的 I-V 方程为

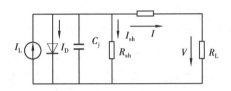

实训图 2.28　光伏电池的等效电路

$$I = I_L - I_D - I_{sh} = I_L - I_D\left\{\exp\left[\frac{q(V+IR_S)}{AkT}\right]-1\right\} - \frac{V+IR_S}{R_{sh}}$$

式中　I_L——光生电流;

$\quad\quad I_D$——二极管反向饱和电流;

$\quad\quad q$——电子电荷(1.6×10^{19} C);

$\quad\quad A$——二极管因子;

$\quad\quad k$——波耳兹曼常数(1.38×10^{-23} J/K);

$\quad\quad T$——太阳能表面绝对温度($t + 273$ K);

$\quad\quad R_S$——光伏电池串联电阻;

$\quad\quad R_{sh}$——光伏电池并联电阻;

$\quad\quad I$——光伏电池输出电流;

$\quad\quad V$——光伏电池输出电压。

3.光伏电池的简化分析模型

在实际的光伏电池中,由于器件的瞬时响应时间远小于光伏系统的时间常数,因此在分析时通常忽略结电容 C_j,并联电阻一般很大(兆欧姆级)而串联电阻一般很小(零点几欧姆),因此在具体的电路分析时可根据情况对其加以忽略,得

$$I = I_L - I_D - I_{sh} = I_L - I_D(e^{\frac{qV}{AkT}}-1) - \frac{V}{R_{sh}}$$

或

$$I = I_L - I_D - I_{sh} = I_L - I_D(e^{\frac{qV}{AkT}}-1)$$

简化的光伏电池模型分别如实训图 2.29(a)、(b)所示。

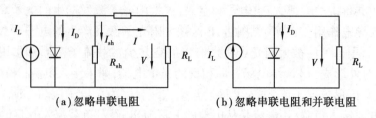

（a）忽略串联电阻　　　　　　　　（b）忽略串联电阻和并联电阻

实训图 2.29　光伏电池简化模型

4.光伏电池的输出特性

光伏电池的输出特性是指光伏电池在一定的环境温度和太阳光强度下,光伏电池的负载 R_L 的阻值从 0 逐渐变化到无穷大时,可以得到光伏电池的输出特性曲线,即光伏电池的 $I\text{-}U$ 特性曲线。我国应用的标准测试条件定义为日照强度为 1 000 W/m^2,光伏电池温度为 25 ℃,太阳辐射光谱为 AM1.5。

（1）光伏电池的短路电流（I_{SC}）:标准光源照射下,输出短路时流过光伏电池两端的电流。短路电流 I_{SC} 与光伏电池的 PN 结面积有关,光伏电池的 PN 结面积越大,短路电流 I_{SC} 越大。光伏电池的短路电流 I_{SC} 与入射光谱辐射照度成正比。环境温度升高时,光伏电池的短路电流 I_{SC} 略有上升。一般环境温度每升高 1 ℃,短路电流 I_{SC} 约上升 78 μA。

（2）光伏电池的开路电压（U_{OC}）:在给定的太阳光照强度和环境温度下,输出开路时光伏电池的输出电压。光伏电池的开路电压与光谱辐照度有关,与光伏电池的 PN 结面积无关。当入射光谱辐照度变化时,光伏电池的开路电压 U_{OL} 与入射光谱辐照度的对比成正比。环境温度升高时,光伏电池的开路电压 U_{OL} 将下降。一般环境温度升高 1 ℃,光伏电池的开路电压 U_{OL} 将下降 3 ~ 5 mV。

5.光伏电池的输出特性测试

将光源移动机构上的投射灯 1 和灯 2 点亮,调节水平方向和俯仰方向运动机构中的电机,使光伏电池组件正对着投射灯 1 和灯 2。光伏电池组件输出接入阻值可从 0 Ω 变化到 1 000 Ω 的可调变阻器。调节可调变阻器,记录光伏电池组件输出的电压、电流值,每次记录的对应的电压值和电流值为一组。实训图 2.30、2.31 分别为光伏电池 $I\text{-}U$ 特性曲线、光伏电池输出功率曲线。

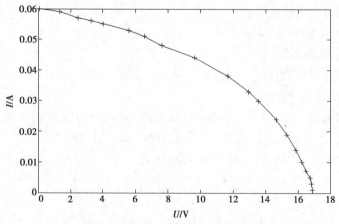

实训图 2.30　光伏电池 $I\text{-}U$ 特性曲线

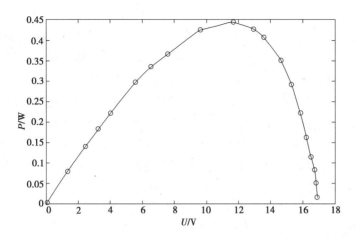

实训图2.31 输出功率曲线

可以看出:光伏电池的 I-U 特性曲线和光伏电池的输出功率曲线是两条非线性曲线,当光伏电池输出电压比较小时,随着电压的变化,输出电流的变化很小,光伏电池近似为一恒流源;当光伏电池输出电压超过一定的临界值时,光伏电池输出电流急剧下降,光伏电池近似为一恒压源。实训图2.32将光伏电池的 I-U 特性曲线和光伏电池的输出功率曲线合在一个图中,最大功率点左侧为近似恒流源段,最大功率点右侧为近似恒压源段。在一定的电池温度和日照强度下,光伏电池有唯一的最大输出功率点。图中,V_m 是最大功率点电压,I_m 是最大功率点电流、P_m 是最大功率点功率。

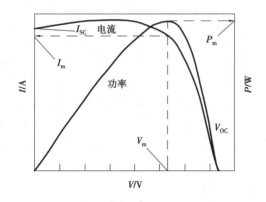

实训图2.32 光伏电池组件输出特性曲线

由光伏电池输出特性可知:在一定的日照强度和温度下,光伏电池只有在某一输出电压时,输出功率才能达到最大值,即在该工作点能得到当前温度和日照条件下的最大输出功率,此点称为最大功率点(Maximum Power Point,MPP)。但是由于光伏电池的输出特性受负载状态、日照强度和环境温度等各种外在因素影响,输出电压和电流会发生很大变动,从而影响输出功率,导致系统效率降低。为了有效利用光伏电池,对光伏电池进行最大功率跟踪(the Maximum Power Point Tracking,MPPT)显得尤其重要。

三、实验步骤

1. 光伏电池的开路电压和短路电流测量

注意:光伏电池组件引接线不得通过接插头、插座或直接与光伏供电系统连接。

（1）提供4块型号和参数相同的光伏电池组件,打开灯1和灯2,用万用表测量其中1块光伏电池组件的开路电压和短路电流,在实训表2.5中记录开路电压值和短路电流。

（2）将其中2块光伏电池组件串联连接,打开灯1和灯2,用万用表测量串联光伏电池组件的开路电压和短路电流,在实训表2.5中记录开路电压值和短路电流。

（3）将另外2块光伏电池组件并联连接,打开灯1和灯2,用万用表测量并联光伏电池组件的开路电压和短路电流,在实训表2.5中记录开路电压值和短路电流。

（4）将2块并联连接的光伏电池组件改为串联连接,与已串联连接的光伏电池组件再组成并联连接,打开灯1和灯2,用万用表测量2串2并的光伏电池组件的开路电压和短路电流,在实训表2.5中记录开路电压值和短路电流。

（5）将3块光伏电池组件串联连接,打开灯1和灯2,用万用表测量串联光伏电池组件的开路电压和短路电流,在实训表2.5中记录开路电压值和短路电流。

实训表2.5　光伏电池组件开路电压

光伏电池组件	开路电压/V	短路电流/A
1块		
2块串联		
2块并联		
2串2并		
3块串联		

2. 光伏电池组件的 I-U 特性测试

将光伏供电控制单元的选择开关拨向左边时,PLC处于手动控制状态,调节光伏供电装置的摆杆处于垂直状态,调节光伏电池组件正对着投射灯。

点亮投射灯1和灯2,调节光伏供电系统的可调变阻器,阻值从 $0\ \Omega$ 逐渐变化到 $1\ 000\ \Omega$。记录对应的电压、电流值,填写在实训表2.6所示的光伏电池组件输出的电压、电流值表格中。每次记录对应的电压值和电流值为一组,记录12组。

根据实训表2.6中记录的数据,在实训图2.33所示的坐标图上绘制光伏电池组件的 I-U 特性曲线,标明坐标的参数单位和计量单位。

实训表2.6　投射灯1和灯2亮时的光伏电池组件输出的电压、电流值

组号	电压 U/V	电流 I/A	组号	电压 U/V	电流 I/A
1			7		
2			8		
3			9		
4			10		
5			11		
6			12		

3.光伏电池组件的输出特性测试

根据实训表2.6中记录的数据,在实训图2.33所示的坐标图上绘制光伏电池组件的输出特性曲线,标明坐标的参数单位和计量单位。

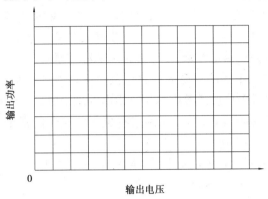

实训图2.33 坐标图

最后,整理实验报告。

四、实验仪器

(1)KNT-SPV02型光伏发电实训系统。

(2)导线、胶带。

(3)电烙铁、电烙铁架、焊锡丝、松香。

(4)万用表。

(5)计算器。

(6)记录用的笔、纸。

五、实验学时

4学时。

六、实验报告内容

(1)记录实验过程。

(2)提交实验结果。

七、思考题

(1)通过实验,了解单块光伏电池的开路电压为何约为0.5 V。

(2)光伏电池的负载是可调电位器,当电位器的电阻值为0 Ω或1 000 Ω时,电压表和电流表的读数分别表示什么含义?

(3)在不同的光照度下,光伏电池的输出功率曲线是否相同? 请说明理由。

活动四 基于DSP的蓄电池充电

一、实验目的

(1)了解蓄电池用途和特性。

(2)了解蓄电池的一般充电方式。

二、实验原理

1.蓄电池

光伏发电系统通常使用蓄电池实现储能。蓄电池在充电时把电能转化为化学能储存起来,放电时把储存的化学能转换为电能提供给负载使用。

2. 蓄电池的容量

蓄电池的容量就是蓄电池储存电能的能力,通常按照充满电后的蓄电池按一定条件放电至规定终止电压时所放出的总电量来计算,也就是指蓄电池的放电容量。容量的单位通常有"安时(A·h)"和"瓦时(W·h)"两种,光伏系统中通常采用前者。根据不同的计量条件,蓄电池的容量又分为理论容量、额定容量、实际容量和标称容量。

(1)理论容量是蓄电池中活性物质的质量按法拉第定律计算得到的最高理论值,常用比容量的概念,即单位体积或单位质量蓄电池所能给出的理论电量,单位是 A·h/kg 或 A·h/L。

(2)额定容量也称为保证容量,指按照国家有关部门颁布的保证蓄电池在规定的放电条件下应该放出的最低限度的容量。

(3)实际容量是指蓄电池在一定条件下实际所能够输出的电量,它在数值上等于放电电流与放电时间的乘积。若放电电流是变化的,则有

$$Q = \int_0^T i\mathrm{d}t$$

式中　Q——容量,A·h;

　　　I——放电电流,A;

　　　T——放电时间,h。

蓄电池在放电过程中,其活性物质不能完全被有效利用,蓄电池中不参加反应的导电部分也要消耗能量。蓄电池的实际容量与蓄电池的正、负极活性物质的数量以及利用的程度有关。活性物质的利用率主要受放电模式和电极结构等因素影响。

(4)标称容量是判别蓄电池容量大小的近似安时值,只标明蓄电池的容量范围而不是确切数值。在没有指定放电条件下,蓄电池的容量是无法确定的。

3. 蓄电池的输出功率

蓄电池的输出功率也称为充电效率。蓄电池充电时把光伏电池发出的电能转化为化学能储存起来,放电时把化学能转化为电能,输出供给负载。蓄电池在工作过程中有一定的能量消耗,通常用容量输出效率和能量输出效率表示。

容量输出效率 η_C 是指蓄电池放电时输出的电量与充电时输入的电量之比,即

$$\eta_C = \frac{C_{\mathrm{dis}}}{C_{\mathrm{ch}}} \times 100\%$$

式中　C_{dis}——放电时输出的电量;

　　　C_{ch}——充电时输入的电量。

能量输出效率 η_Q 也称电能效率,是指蓄电池放电时输出的能量与充电时输入的电能之比,即

$$\eta_Q = \frac{QC_{\mathrm{sis}}}{Q_{\mathrm{ch}}} \times 100\%$$

式中　Q_{sis}——放电时输出的电能;

　　　Q_{ch}——充电时输入的电能。

4. 蓄电池的充电控制方式

目前蓄电池常用的充电控制包括恒流充电、恒压充电、两阶段和三阶段充电等方式。

（1）恒流充电是以恒定不变的电流进行充电,在充电过程中随着蓄电池电压的变化进行电流调整使之恒定不变。这种方式特别适用于多个蓄电池串联的蓄电池组进行充电,能使容量较低的蓄电池得到恢复,最好用于小电流长时间的充电模式,其充电电流与电压关系如实训图2.34所示。这种充电方式缺点在于:蓄电池开始充电时电流偏小,在充电后期充电电流偏大,充电电压偏高,整个充电过程时间长。

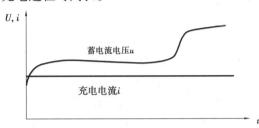

实训图2.34　恒流充电特性曲线

（2）恒压充电就是对单体蓄电池以恒定电压充电。在充电初期,由于蓄电池电压较低,充电电流较大,但是随着蓄电池电压的逐渐升高,电流逐渐减少。在充电末期只有很小的电流通过,这样充电过程中就不必调整电流。相对恒流充电来说,此法的充电电流自动减少,所以充电时间短,能耗低,其充电特性曲线如实训图2.35所示。这种充电方法缺点在于:在充电初期,如果蓄电池放电深度过深,充电电流会很大,不仅危及充电器的安全,而且蓄电池可能因过流而受到损伤;如果蓄电池电压过低,后期充电电流又过小,充电时间过长,不适于串联数量多的蓄电池组充电。蓄电池电压的变化很难补偿,充电过程中对落后电池的完全充电很难完成。这种充电方法在小型的太阳能光伏发电系统中经常用到,因为这种系统中来自光伏电池阵列的电流不会太大,而且这种系统中蓄电池组串联不多。

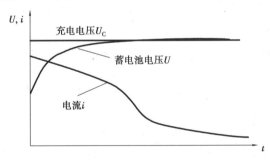

实训图2.35　恒压充电特性曲线

（3）两阶段充电法是为了克服恒流与恒压充电的缺点而结合的一种充电策略。它首先对蓄电池采用恒流充电方式充电,蓄电池充电达到一定容量后,然后采用恒压充电方式充电。采用这种充电方式,在充电初期,蓄电池不会出现很大电流,在充电后期也不会出现蓄电池电压过高,使蓄电池产生析气。其充电特性曲线如实训图2.36所示。

（4）三阶段充电法是在两阶段充电完毕后,蓄电池容量已经达到额定容量时,再继续以很小的电流向蓄电池充电以弥补蓄电池由于自放电损失的电量。这种以小电流充电的方式也称为浮充。在浮充时,蓄电池充电电压要比恒压阶段的充电电压低。

5.最小控制系统

KNT-SPV02型光伏发电实训系统中的最小控制系统主要由TMS320X2812芯片、30 MHz有

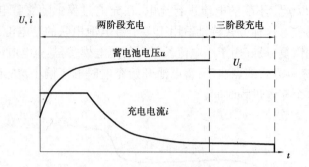

实训图 2.36　两阶段与三阶段充电特性曲线

源晶振和电源电路,以及电容、电阻电感等器件构成。TMS320F2812 的硬件特点见实训表 2.7。

实训表 2.7　TMS320F2812 的硬件特点

指令周期(150 MHz)	6.67 ns
时钟频率达到 150 MHz 所需内核电压	1.9 V
输入、输出口电压	3.3 V
片内 RAM	18 kB×16 位
片内 Flash	128 kB×16 位
片内 ROM	无
Boot ROM	有
掩膜 ROM	有
片内 Flash/ROM/SRAM 的密码保护	有
外部储存器接口	有
看门狗定时器	有
32 位的 CPU 定时器	有
事件管理器	EVA、EVB
12 位的 ADC	16 通道
串行通信接口 SCI	SCIA、SCIB
串行外围接口 SPI	有
局域网控制器 CAN 通信	有
多通道缓冲串行接口 McBSP	有
复用的数字输入/输出引脚	56 个
外部中断源	3 个
封装	179 针的 BGA/176 针的 LQFP
工作温度范围	−40 ℃ ～ +85 ℃

6. 充电原理

KNT-SPV02 型光伏发电实训系统的充电主电路采用 BUCK 电路拓扑,主要由光伏电池、功率器件、滤波电感、电容、续流二极管、蓄电池组成,控制电路核心采用的是 TMS320F2812,主电路结构如实训图 2.37 所示。

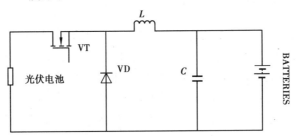

实训图 2.37　光伏充电系统主电路结构

控制原理如实训图 2.38 所示,光伏电池由"WS＋"、"WS－"接入,通过改变 PWM 信号的占空比调节 MOSFEET IRF2807 的导通/关断时间,输出电压经过电感、电容滤波后给蓄电池充电。控制电路采用电流、电压的双闭环控制,通过 DSP 输出 PWM 波形实现系统 MMPT 充电,对负载波动具有很好的抗扰作用。

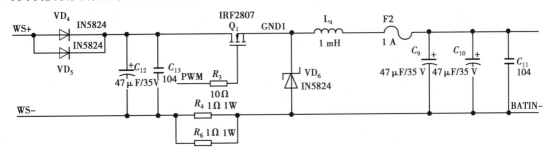

实训图 2.38　光伏电池充电控制电路原理图

驱动电路采用 IR2110S,如实训图 2.39 所示,兼有光耦隔离(体积小)和电磁隔离(速度快)的优点,最大开关频率为 500 kHz,隔离电压可达 500 V。

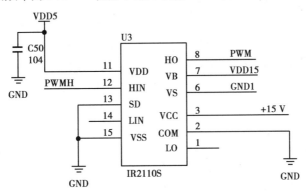

实训图 2.39　驱动电路

三、实验步骤

一般讲,常用的跟踪方法有:恒压跟踪法、短路电流法、滞环比较法等,这些方法实质是一个寻优过程,即通过改变光伏电池端电压来控制最大功率的输出。寻优法可分为非自寻优和自寻优。非自寻优法是根据外界环境因素(如光照和温度)的变化,利用数学模型确定最大功率点,但在实际情况中较少使用。自寻优法是不直接检测外界环境因素的变化,而是通过直接测量得到的电信号,判断最大功率点位置,从而进行跟踪。

1. 滞环比较法

滞环比较法控制原理在于使系统的工作点不随外界快速改变而变化,而是等其变化缓慢后再跟踪光伏电池的最大功率。滞环比较法原理如下:

图 3.26 是光伏电池的输出功率 P 与控制器输出控制脉冲占空比 D 的特性曲线,如果在曲线最大功率点处任意选取三个不同的位置 A、B、C(对应控制脉冲占空比依次增大),则曲线段可分为 5 种形式。设定一个符号运算变量 F,其初始值为 0。F 赋值原则为:当 A 点输出功率小于 B 点时,$F = F + 1$,否则 $F = F - 1$;同时,当 C 点输出功率小于 B 点时,$F = F - 1$,否则 $F = F + 1$。比较完毕后,如果 $F = 2$,则判断控制脉冲占空比 D 需增加一个增量 α;$F = -2$ 则认为 D 需要减小一个 α;$F = 0$,则认为系统当前工作在最大工作点而保持当前 D 不变。在 A、B、C 三点功率检测上,控制器先默认当前工作点为 B 点并读取其输出功率,然后控制 D 增加一倍 α 以读取 C 点的功率,最后再减小两倍 α 以读取 A 点的功率。连续检测三点功率后再比较计算出变量 F 的值来判断控制脉冲占空比改变的方向。

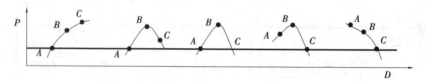

实训图 2.40　最大功率点附近 P-D 曲线的五种形式

请画出滞环比较法控制流程。

2. 基于 MPPT 充电

KNT-SPV02 型光伏发电实训系统采用了 MPPT 充电方法,请分析该充电方法。

3. 测量基于 MPPT 充电的波形

请用示波器测量基于 MPPT 充电的波形。

四、实验仪器

(1)KNT-SPV02 型光伏发电实训系统。

(2)移动式存储器(软盘、U 盘等)。

(3)记录用的笔、纸。

五、实验学时

6 学时。

六、实验报告内容

(1)记录实验过程。

(2)提交实验的原始图像和结果图像。

七、思考题

(1)请解释恒压跟踪法。

(2)请解释短路电流法。

活动五　逆变器特性参数测试

一、实验目的

(1)了解逆变器的工作原理。

(2)掌握逆变器输出特性的测量方法。

二、实验原理

逆变器也称逆变电源,是将直流电能转变成交流电能的变流装置,是太阳能、风力发电中一个重要部件。

逆变器可以按输出波形、主电路拓扑结构、输出相数等方式来分类:

(1)方波逆变器、正弦波逆变器、阶梯波逆变器(按输出电压波形分类)。

(2)单项逆变器、三相逆变器、多项逆变器(按输出交流电相数分类)。

(3)电压源型逆变器、电流源型逆变器(按输入直流电源性质分类)。

(4)推挽逆变器、半桥逆变器、全桥逆变器(按主电路拓扑结构分类)。

(5)单向逆变器、双向逆变器(按功率流动方向分类)。

(6)有源逆变器、无源逆变器(按负载是否有源分类)。

(7)低频逆变器、工频逆变器、中频逆变器、高频逆变器(按输出交流电的频率分类)。

(8)低频环节逆变器、高频环节逆变器(按直流环节特性分类)。

1. 电压型逆变器基本原理

电压型逆变器基本原理如实训图 2.41 所示。U_d 为直流电压,V_1、V_2、V_3 和 V_4 为可控开关。当 V_1、V_4 导通,V_2、V_3 断开时,负载端电压 U_s 为上正下负。反之,当 V_2、V_3 导通,V_1、V_4 断开时,负载端电压 U_s 为下正上负。这样,V_1、V_4 和 V_2、V_3 按一定的频率互补导通,就能够实现 DC-AC 变换。

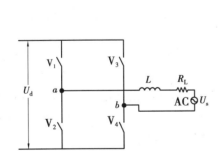

实训图 2.41　DC-AC 全桥变换基本原理

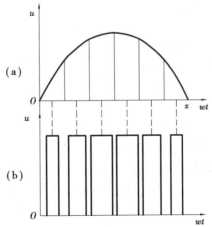

实训图 2.42　数字 PWM 控制基本原理

2. SPWM 调制

随着逆变器控制技术的发展,电压型逆变器出现了多种变压、变频控制方法。目前采用较多的是正弦脉宽调制调制技术,即 SPWM (Sinusoidal Pulse Width Modulation)控制技术。SPWM 技术是指调制信号正弦化的 PWM 技术,由于其具有开关频率固定、输出电压只含有固定频率的高次谐波分量、滤波器设计简单等一系列优点,已成为目前应用最为广泛的逆变用 PWM 技术。

SPWM 的应用主要基于采样控制理论中的冲量相等而形状不同的窄脉冲加在具有惯性的环节上,其效果相同。实训图 2.42 是将正弦波的半个周期分成等宽(π/N)的 N 个脉冲,但矩形中点与正弦等分脉冲中点重合,并且矩形脉冲的面积和相应正弦脉冲面积相等。

SPWM 技术按工作原理可以分为单极性调制和双极性调制。

(1)单极性调制的原理如实训图 2.43 所示,其特点是在一个开关周期内两只功率管以较高的开关频率互补开关,保证可以得到理想的正弦输出电压;另两只功率管以较低的输出电压基波频率工作,从而在很大程度上减少了开关损耗。但并不是固定其中一个桥臂始终工作在低频,而是每半个周期切换工作,即同一桥臂在前半个周期工作在低频,而后半个周期工作在高频。这样可以使两个桥臂的工作状态均衡,器件使用寿命更均衡,有利于增加可靠性。

(2)双极性调制的原理如实训图 2.44 所示,其特点是 4 个功率管都工作在较高的频率(载波频率),虽然能够得到较好的输出电压波形,但是却产生了较大的开关损耗。

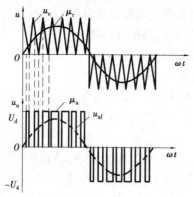

实训图 2.43　单极性 SPWM 调制　　　　实训图 2.44　双极性 SPWM 调制

三、实验步骤

1.升压电路设计

KNT-SPV02 型光伏发电实训系统的逆变器主要由 DC-DC 升压、逆变主电路组成。DC-DC 升压部分采用 SG3525 产生两个互补的方波脉冲来驱动两个 IRF3205MOS 管,使得 MOS 管互补导通,经过变压器升压后,再经过整流电路达到 315 V 稳定的直流高压。升压电路如实训图 2.45 所示。

请分析升压电路,阐述其工作原理。

2.逆变主电路

KNT-SPV02 型光伏发电实训系统的逆变器的主电路由 4 个 IRF740N 型沟道 MOSFET 和 4 个二极管组成,由 DSP 发出的 SPWM 脉冲来控制 4 个桥臂的轮流导通,如实训图 2.46 所示。SPWM 调制波形如实训图 2.47 所示,请分析 SPWM 的软件实现流程。

3.逆变器输出特性测量

(1)利用监控系统有关的界面,设置逆变器输出频率为 60 Hz、输出幅度为 AC220 V,测量逆变器的输出波形。

(2)利用监控系统有关的界面,设置逆变器输出频率为 50 Hz、输出幅度为 AC200 V,测量逆变器的输出波形。

(3)利用监控系统有关的界面并利用示波器的 FFT 频谱分析功能,测量 1 800 ns 死区的逆变器输出波形,频率为 50 Hz、输出幅度为 AC220 V。

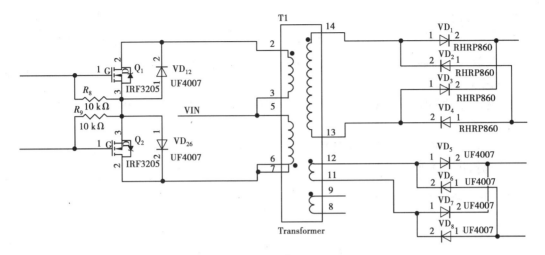

实训图 2.45　升压主电路

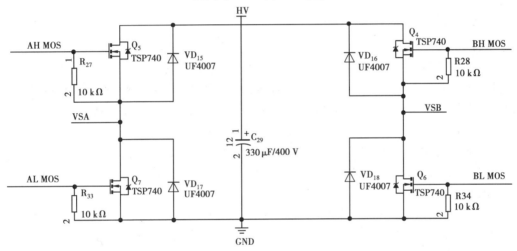

实训图 2.46　逆变主电路

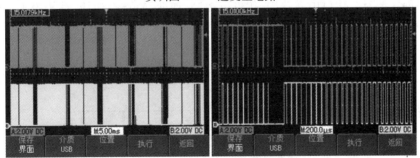

实训图 2.47　SPWM 调制波形

最后,记录和整理实验报告。

四、实验仪器

(1)KNT-SPV02 型光伏发电实训系统。

(2)移动式存储器(软盘、U 盘等)。

(3)记录用的笔、纸。

五、实验学时

2 学时。

六、实验报告内容

(1)记录实验过程。

(2)提交实验的结果。

七、思考题

(1)解释离网逆变器和并网逆变器。

(2)解释并网逆变的孤岛效应。

活动六　监控系统组态设计

一、实验目的

(1)了解光伏发电系统的监控界面。

(2)掌握监控组态界面的一般设计方法。

二、实验原理

1. 监控系统

KNT-SPV02 型光伏发电实训设备中的监控系统主要由计算机、组态软件组成。监控系统上位机与光伏供电系统的 PLC、电压表和电流表的通信采用 RS485 通信方式,通信接口分别为 COM1、COM3;监控系统上位机与光伏供电系统的 DSP 控制器采用 RS232 通信,通信接口分别为 COM4。

(1)光伏供电系统 PLC。COM1:波特率 9 600,无校验,8 位数据,1 位停止位,PPI 通信协议。

(2)电压表和电流表。COM3:波特率 9 600,无校验 8 位数据,1 位停止位,MODBUS RTU 通信协议。

(3)光伏供电系统 DSP 控制器。COM4:波特率 19 200,偶校验,8 位数据,1 位停止位,KNT 智能模块通信协议。

2. 监控界面

监控界面主要有光伏供电系统、光伏供电控制、逆变与负载、曲线、系统报表,部分组态界面如实训图 2.48 所示。

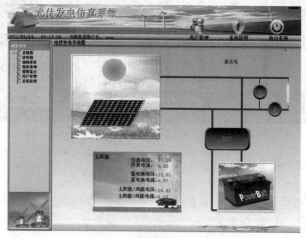

(a)光伏供电系统逆变与负载曲线

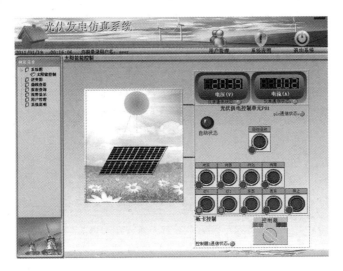

(b)光伏供电控制

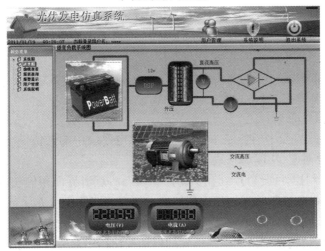

(c)逆变与负载

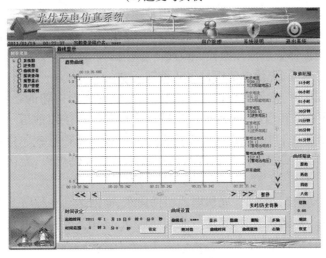

(d)曲线

（e）系统报表

实训图 2.48　监控界面

三、实验步骤

1. 焊接通信线

（1）正确焊接通信线。

（2）正确设置通信参数,完成监控系统的通信。

2. 设计光源跟踪界面

（1）设计光源跟踪界面中的各控件名称与光伏供电系统中的光伏供电控制单元的按钮名称、旋钮、急停按钮要对应,功能要一致。

（2）点击手动控制控件时,PLC 处在手动控制状态。点击界面相应功能按钮控件时,该控件指示灯点亮、光伏供电控制单元的相应按钮指示灯亮,此时,可以进行光伏电池组件跟踪、灯状态、摆杆运动的手动操作。点击自动控制控件时,PLC 处在自动控制状态。点击启动按钮控件时,该控件指示灯点亮、光伏供电控制单元的启动按钮指示灯亮,PLC 执行自动控制程序。

（3）PLC 处在手动控制状态时,点击向东按钮控件时,向东按钮控件指示灯点亮,同时光伏供电控制单元的向东按钮的指示灯亮,光伏电池组件向东偏转 3 s 后停止偏转运动,向东按钮控件指示灯和向东按钮的指示灯熄灭。在光伏电池组件向东偏转的过程中,再次点击向东按钮控件或停止按钮控件或急停按钮控件或按下停止按钮或急停按钮,向东按钮控件指示灯和向东按钮的指示灯熄灭,光伏电池组件停止偏转运动。

点击向西按钮控件时,向西按钮控件指示灯点亮,同时向西按钮的指示灯亮,光伏电池组件向西偏转 3 s 后停止偏转运动,向西按钮控件指示灯和向西按钮的指示灯熄灭。在光伏电池组件向西偏转的过程中,再次点击向西按钮控件或停止按钮控件或急停按钮控件或按下停止按钮或急停按钮,向西按钮控件指示灯和向西按钮的指示灯熄灭,光伏电池组件停止偏转运动。

（4）PLC 处在手动控制状态时,光伏电池组件向东、向西运动在程序上采取互锁关系。

（5）PLC 处在手动控制状态时,光伏电池组件向北、向南运动过程的要求和光伏电池组件向东、向西运动过程的要求相同。

（6）PLC 处在手动控制状态时,点击灯 1 按钮控件,灯 1 按钮控件指示灯和灯 1 按钮的指示灯亮,投射灯1亮。再次点击灯1按钮控件或停止按钮控件或急停按钮控件或按下停止按钮或急停按钮,灯1按钮控件指示灯和灯1按钮的指示灯熄灭,投射灯1熄灭。

PLC处在手动控制状态时,点击灯2按钮控件,灯2按钮控件指示灯和灯2按钮的指示灯亮,投射灯2亮。再次点击灯2按钮控件或停止按钮控件或急停按钮控件或按下停止按钮或急停按钮,灯2按钮控件指示灯和灯2按钮的指示灯熄灭,投射灯2熄灭。

(7)PLC处在手动控制状态时,点击东西按钮控件,东西按钮控件指示灯和东西按钮的指示灯亮,摆杆由东向西方向连续移动。在摆杆由东向西方向连续移动的过程中,再次点击东西按钮控件或停止按钮控件或急停按钮控件,或按下停止按钮或急停按钮,东西按钮控件指示灯和东西按钮的指示灯熄灭,摆杆停止运动。摆杆由东向西方向移动处于极限位置时,东西按钮控件指示灯和东西按钮的指示灯熄灭,摆杆停止移动。

PLC处在手动控制状态时,点击西东按钮控件,西东按钮控件指示灯和西东按钮的指示灯亮,摆杆由西向东方向连续移动。在摆杆由西向东方向连续移动的过程中,再次点击西东按钮控件或停止按钮控件或急停按钮控件,或按下停止按钮或急停按钮,西东按钮控件指示灯和西东按钮的指示灯熄灭,摆杆停止运动。摆杆由西向东方向移动处于极限位置时,西东按钮控件指示灯和西东按钮的指示灯熄灭,摆杆停止移动。

摆杆东西运动和西东运动在程序上采取互锁关系。

(8)PLC处在自动控制状态,点击启动按钮控件,摆杆向东连续移动,到达摆杆极限位置时,摆杆停止移动。该过程中,投射灯不亮。2 s后,投射灯1和投射灯2亮,光伏电池组件对光跟踪。对光跟踪结束时,摆杆由东向西方向连续移动。摆杆由东向西方向开始移动时,光伏电池组件对光跟踪。当摆杆到达摆杆极限位置时,摆杆停止移动,光伏电池组件对光跟踪结束时,投射灯熄灭。2 s后,摆杆向东连续移动,到达垂直接近开关位置时,摆杆停止移动,投射灯1和投射灯2亮,光伏电池组件对光跟踪。对光跟踪结束时,投射灯熄灭,自动控制程序结束。

在自动控制状态下,当点击停止按钮控件或急停按钮控件,或按下停止按钮或急停按钮时,投射灯熄灭、摆杆和光伏电池组件停止运动。

3.设计逆变与负载系统界面

(1)逆变与负载系统界面设置死区时间下拉框,下拉框中有300、600、900、1 200、1 500、1 800、2 100、2 400、2 700、3 000供10组数据,时间单位为ns。这些数据是逆变器死区时间,供选择和测量死区波形使用。

(2)逆变与负载系统界面设置调制比窗,调制比为0.7~1,分辨率为0.1。选择调制比为1时,逆变器输出电压幅度为AC220 V×1 = AC220 V;选择调制比为0.7时,逆变器输出电压幅度为AC220 V×0.7 = AC154 V。调制比供选择和测量逆变器输出电压幅度波形使用。

(3)逆变与负载系统界面设置基波窗,基波频率在50~60 Hz范围内可调,分辨率为1 Hz,基波窗是供选择和测量逆变器输出的频率使用。

4.设计监控系统的光伏发电采集报表

采集报表采集数据不少于8次,3分钟记录一次光伏输出电压、光伏输出电流。

5.设计光伏电池组件输出特性曲线坐标图

调节光伏电池负载,实时采集光伏电池输出电压和电流,自动绘制伏安曲线和光伏电池组件输出功率曲线。

四、实验仪器

（1）KNT-SPV02 型光伏发电实训系统。

（2）计算机。

（3）组态软件。

五、实验学时

4 学时。

六、实验报告内容

（1）记录实验过程。

（2）提交实验的结果。

附 录

附录一
Fluke 435-Ⅱ电能质量分析仪功能介绍

　　Fluke 435-Ⅱ型电能质量分析仪是针对目前电能质量问题所提供的检测及记录的专用仪表。其主要实现的功能有:功率和电能量损失分析;基本 PQ V/A/Hz、功率、暂降、暂升、谐波、不平衡;功率和电能;逆变器效率;正负功累积;Logger 综合记录功能。所有标准的仪器都配有电压导线、鳄鱼夹、4 个 i430 细柔性电流探头、电源适配器及 USB 电缆。其外观图及配制元件如附图 1.1—1.4 所示。

　　如有可能,请在连接之前尽量断开电源系统。始终使用合适的个人防护设备。请勿单独工作并操作对于三相系统,请依照附图 1.5 的方式连接。首先将电流钳夹放置在相位 A (L1)、B (L2)、C (L3) 和 N(中性线)的导体上。钳夹上标有箭头,用于指示正确的信号极性。接下来,完成电压连接:先从接地 (Ground) 连接开始,然后依次连接 N、A (L1)、B (L2) 和 C (L3)。要获得正确的测量结果,始终要记住连接地线输入端口。记住:要复查连接是否正确。要确保电流钳夹牢固并完全夹钳在导体四周。

　　属于不同相位的测量结果分别用一种颜色来表示。如果某个相位的电压和电流结果同时显示,则电压结果以深色调显示,电流结果以浅色调显示。

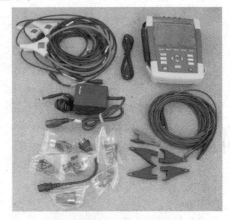

附图1.1　电能质量分析仪外观图　　　　　附图1.2　专用配件图

附图1.3　界面菜单图　　　　　　　附图1.4　仪器外观放大图

相位颜色可以通过设置(SETUP)键和功能键 F1—用户参数选择(USER PREF)来选择,然后按向上/向下箭头键选择相位颜色。再按回车(ENTER)键打开菜单。在菜单中,使用向上/向下箭头键选择所需的颜色,并使用回车(ENTER)键确认。

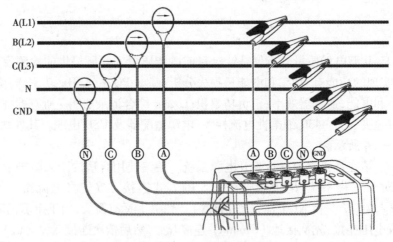

附图1.5　分析仪与三相配电系统连接图

分析仪使用五种不同的屏幕类型以最有效的方式显示测量结果。附图1.6显示屏幕类型1至6的概览,它们共同的特点在 A 至 F 中说明。

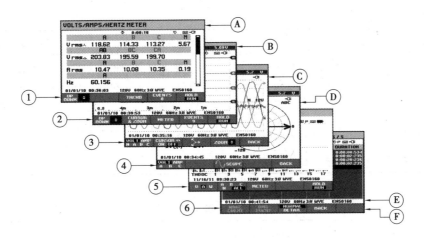

附图1.6　显示类型概览图

　　下面对各种屏幕类型及其目的分别进行简单描述,同时提供它所适用的测量模式。注意,屏幕信息的数量取决于相数和接线配置。请参考附表1.1第 1 至 6 项以及附表1.2第 A 至F项。

附表1.1　屏幕类型表

序号	名　称	含　义	用　途
①	计量（Meter）屏幕	给出大量重要数字测量值的即时概览。测量的所有数值都将被记录。当停止测量后,数值将被存储在内存中。	适用于除监测（Monitor）和功率波（Power Wave）以外的所有测量。
②	趋势图（Trend）屏幕	这种类型的屏幕与计量（Meter）屏幕相关。趋势图（Trend）显示计量（Meter）屏幕中的测量值相对于时间的变化过程。在选择一种测量模式后,分析仪开始记录计量（Meter）屏幕中的所有读数。	适用于所有测量。
③	波形（Waveform）屏幕	如同示波器一样显示电压和电流波形。通道 A（L1）是基准通道,显示 4 个完整周期。标称电压和频率决定测量栅格的大小。	Fluke 435-II/437-II 型示波器波形（Scope Waveform）,瞬态（Transients）,功率波（Power Wave）,以及波事件（Wave Event）。
④	相量（Phasor）屏幕	在矢量图中显示电源和电流的相位关系。基准通道 A（L1）的矢量指向水平正方向。A（L1）振幅也是测量栅格大小的基准。	示波器相量（Scope Phasor）和不平衡（Unbalance）。

续表

序号	名 称	含 义	用 途
⑤	条形图（Bar Graph）屏幕	通过条形图，以百分比的方式来显示各测量参数的密度。	谐波（Harmonics）与电能质量监测（Power Quality Monitor）。
⑥	事件列表（vents list）	在测量与开始日期/时间、相位和持续时间等有关的数据时，列出所发生的事件。	适用于除功率波（Power Wave）以外的所有测量。

附表 1.2　屏幕信息表

序 号		名称及符号	含 义
Ⓐ		测量模式	当前所处测量模式显示在屏幕的表头部位。
Ⓑ		测量值	主要的数值测量值。各相位及电压或电流的背景色均不相同。如果光标（Cursor）启动，则显示光标处的数值。
Ⓒ	状态指示符（下列符号可能出现在屏幕上来显示分析仪的状态及测量值）	3s	指示当前采用的合计间隔时间（50/60 Hz）为150/180 个周期（3 s）。若无指示，则表示合计间隔时间为 10/12 个周期（50/60 Hz）。指示基于有效值（rms）的读数。
		⏱ –9999:59:59	测量已经持续的时间。格式：小时，分，秒。当等待定时启动时，时间计数从前缀- 开始。
		U	测量可能不稳定。例如，如在基准相 A（L1）上无电压期间的频率读数。
		F²	依照 IEC61000-4-30 标记规定指示在所显示的合计间隔内已经发生的骤降、骤升或干扰。指示某个合计值可能不可靠。
		🔘 ▣	测量数据记录处于开/关状态。
		↻ ↺	相量旋转指示符。
		▬ ⌐	电池/线路电源指示。在电池运行期间，显示电池充电的状况。
		⊷○	键盘已锁定。按回车（ENTER）键 5 s 钟解锁/解除锁定。
Ⓓ		显示测量数据的主要区域	在 1 至 6 项中介绍。

续表

序　　号		名称及符号	含　　义
Ⓔ	状态行(屏幕上出现以下信息)	01/21/06	分析仪实时时钟的日期。日期格式可以为月-日-年或日-月-年。
		16:45:22	一日时间或光标时间。
		120 V　60 HZ	标称线路电压和频率:作为测量的基准。
		📶	GPS 信号强度指示器。
		3Ø WYE　　EN50160	电能质量监测（MONITOR）和事件检测（Event Detection）所用的极限值名称。
Ⓕ		软键文本区域	可以用 F1 至 F5 键选择的软件功能以白色指示。当前不可用的功能以灰色指示。黑色背景的高亮显示表示当前功能键的选择。

附录二
虚拟仿真软件简介

电力工业历来把安全运行作为行业的首要技术指标。电力生产和传输过程的任何故障都将大面积地影响辖区内的生产和生活，因此规定电力工业的运行操作人员必须经过严格的训练后才能值班和上岗操作。

仿真机是采用数字技术模拟各种类型火力发电厂机组，用于培训和研究的装置。仿真机由硬件和软件两部分组成。

仿真机的硬件系统由一台计算机工作站和多台微机组成，由局域网连接成为一个独立的系统，用以模拟发电厂控制室的运行操作和监控设备。它是仿真的基础设施，其系统结构如附图2.1所示。

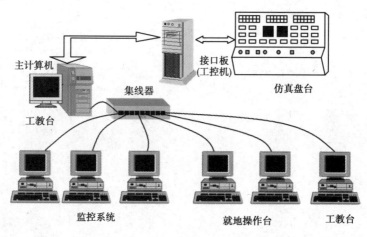

附图 2.1 仿真系统实验室结构图

一、仿真软件构成

仿真机系统的硬件是仿真机的物理表现，而仿真机的硬件系统的运行是由软件驱动实现的。根据对硬件系统中不同设备的驱动，具有不同的软件。

首先是计算机生产厂家提供的计算机系统软件，它们分别运行在不同的计算机系统中；其次是华仿科技有限公司开发研制的仿真机系统应用软件。不同的软件在仿真机系统中起着不同的作用。

1. 计算机操作系统软件

计算机操作系统软件是由计算机生产厂家提供的,是计算机运行的驱动软件,同时也是 STAR-90 仿真支撑系统的运行平台。根据计算机的类型不同,计算机系统软件也不尽相同。

2. 主计算机操作系统软件

主计算机操作系统软件是运行在工作站或服务器上的软件,这里采用微软公司的 Windows 2003 Server 版为操作系统软件。

3. 操作员站等计算机操作系统软件

操作员站等计算机操作系统软件是运行在微机上的软件,这里采用微软公司的 Windows XP 版为操作系统软件。

4. 仿真支撑系统软件

仿真支撑系统软件是一个大型应用软件,它标志着仿真技术水平的高低。STAR-90 仿真支撑系统软件是一款先进的仿真应用软件,它为模型开发人员——建模工程师提供了友好的工程图形建模、验模环境。建模工程师不必具有太多的计算机知识,更不需要具有软件开发的能力,只要熟悉被仿真对象的物理机理,即可根据物理机理进行模块搭接,使用模块方式来描述被仿真对象的物理过程,这样就完成了模型的建立。

STAR-90 仿真支撑系统为用户提供了在线修改、调试模型的手段。模型工程师可以根据需要在线地修改模型,并可立即得到修改后的结果,直到模型能够正确反映被仿真对象的物理过程,从而完成调试模型的过程。STAR-90 仿真支撑系统还支持丰富的工程师和教练员功能。

5. 工程师/教练员功能软件

工程师/教练员功能软件是建模工程师建立和调试模型、控制模型运行;教练员控制仿真机运行的功能软件,它是在 STAR-90 仿真支撑系统软件的支持下运行的。它为工程师和教练员提供友好、方便、美观的操作界面,并实现所需的各种功能。功能软件的性能和功能丰富性也是仿真软件的水平高低的重要标志。

6. 仿真模型软件

仿真模型软件是为仿真电厂的物理过程而建立的软件。对于 STAR-90 仿真支撑系统来说,仿真模型软件是支撑系统生成的数据文件,该文件存储的内容是建模工程师建立的模型模块和模块间的连接关系。只有支持工程图形建模方式的仿真应用软件才具有这种特点。根据电厂中不同的系统,仿真模型软件分为锅炉模型软件、汽机模型软件、电气模型软件和热控模型软件。

7. 监控系统操作员站仿真软件

操作员站是整个仿真机项目的一个重要组成部分,该系统对于建模工程师的调试和用户培训起着至关重要的作用。该软件是运行在仿真操作员站上的应用软件。5 台仿真操作员站运行相同的仿真软件,可实现实际电厂操作员站操作员的大部分功能。操作人员在此软件的支持下可方便地监控模型的运行。

该软件主要由软件开发包、软件运行包两部分组成:

(1)软件开发包不仅为用户组态画面提供必要的文件管理、文件编辑、基本图形的制作等基本功能,而且根据各种 DCS 系统的特点,将其动态图符进行分类,使用面向对象的程序设计方法将决定动态图符动态变化规律的各种因素进行提炼,做成各种基本的图符类。这样,用户自行组态画面时,只需选择相应的图符类,即可完成图符动态变化规律的定义。

（2）软件运行包完成显示驱动。根据画面组态的各种动态图符类,完成各种动态图符类的动态刷新和画面的切换。其中,动态数据是通过网络由主机模型数据库获得。

针对本仿真系统的监控系统操作员站而言,至少应实现下述功能:

- 操作员站画面显示、鼠标或键盘操作方式、子窗口弹出方式、数据刷新模式、曲线、棒图显示等功能与实际机组实际监控系统操作员站一致。
- I/O 点数、名称、标识方法等与实际机组实际监控系统操作员站一致。
- 控制回路名称、控制逻辑与实际机组实际监控系统操作员站一致。
- 对监控系统仿真采用微机及键盘来实现,它将完成操作人员可触及的各种操作与显示工作。

8.就地操作站仿真软件

为了保证培训过程的连续性和完整性,采用就地操作员站将实际机组主控制室以外的、与机组启停过程密切相关的操作项目设置在就地操作站上控制。

就地操作站仿真软件采用华仿科技有限公司自主开发的功能软件,它可以模拟流程图方式显示就地操作设备的运行状态,接收学员在就地操作台上所做的操作,并根据操作切换或更新显示画面,同时控制数学模型的运行。

就地操作站软件是仿真机软件的重要组成部分,该仿真软件通过计算机网络与仿真主计算机中运行的模型数据库相连,从而实现二者之间的数据交换。

二、仿真机的任务

（1）仿真机具有满足机组的运行人员、运行管理人员、热控检修技术人员、生产管理人员的培训和考核功能。

（2）培训运行人员,使其能够熟练正确地掌握机组设备在各种条件下的启、停和正常运行中的监视、操作、调整技术。

（3）培养和提高电厂运行人员正确判断、排除各种事故的应急能力,并通过各种事故判断和分析的反复培训,提高其对机组运行的综合分析能力。

（4）可以对运行岗位人员、管理人员定期轮训和进行上岗、晋升前的考核,提供客观反映运行人员实际操作能力和分析判断能力的手段。

（5）对机组的 DCS 系统仿真、操作员站界面和控制系统及其组态优先采用由现场实际系统组态直接转换的方式来完成,DCS 的控制逻辑与操作画面的组态同实际系统一致。

（6）对机组的控制系统进行仿真实验和控制系统及其保护的参数整定及验证。

（7）具有成组培训功能,具有多种灵活的培训方式。

（8）能提供分步联锁和机组大联锁试验、机组试验等仿真,以便运行人员全面了解首次启动和大修后启动程序。

附录三
变电站（发电厂）工作票格式简介

A 变电站（发电厂）第一种工作票格式

变电站（发电厂）第一种工作票

单位_____ 编号_____

1. 工作负责人（监护人）_____班组_____
2. 工作班人员（不包括工作负责人）

_____共_____人。

3. 工作的变配电站名称

_____

4. 工作任务

工作地点及设备双重名称	工作内容

5. 计划工作时间

自_____年_____月_____日_____时_____分
至_____年_____月_____日_____时_____分

6. 安全措施（必要时可附页绘图说明，红色表示有电）

应拉断路器(开关)、隔离开关(刀闸)	已执行*
应装接地线、应合接地刀闸(注明确切地点、名称及接地线编号*)	已执行*
应设遮栏、应挂标示牌及防止二次回路误碰等措施	已执行*

*已执行栏目及接地线编号由工作许可人填写。

工作地点保留带电部分或注意事项(由工作票签发人填写):	补充工作地点保留带电部分和安全措施(由工作许可人填写):

工作票签发人签名_____ _____年_____月_____日_____时_____分

工作票会签人签名_____ _____年_____月_____日_____时_____分

7. 收到工作票时间

_____年_____月_____日_____时_____分

运行值班人员签名_____

8. 确认本工作票 1~6 项

工作负责人签名_____ 工作许可人签名_____

许可开始工作时间:_____年_____月_____日_____时_____分

9. 本次工作危险点分析及防范措施(由工作负责人填写)

工作中存在的危险点	防范措施

10. 确认工作负责人布置的工作任务、安全措施和危险点及防范措施

工作班组人员签名

_____

_____

_____

11. 工作负责人变动情况

原工作负责人_____离去,变更_____为工作负责人

工作票签发人_____ _____年_____月_____日_____时_____分

工作人员变动情况(变动人员姓名、变动日期及时间)

_____

_____工作负责人签名_____

12. 工作票延期

有效期延长到_____年_____月_____日_____时_____分

工作负责人签名_____ _____年_____月_____日_____时_____分

工作许可人签名_____ _____年_____月_____日_____时_____分

13. 每日开工和收工时间(使用一天的工作票不必填写)

收工时间				工作负责人	工作许可人	开工时间				工作许可人	工作负责人
月	日	时	分			月	日	时	分		

14. 工作终结

全部工作于_____年_____月_____日_____时_____分结束,设备及安全措施已恢复至开工前状态,工作人员已全部撤离,材料工具已清理完毕,工作已终结。

工作负责人签名_____ 工作许可人签名_____

15. 工作票终结

临时遮栏、标示牌已拆除,常设遮栏已恢复。

已拆除的接地线编号_____共_____组,

已拉开接地刀闸编号_____共 _____副(台)。

未拆除的接地线编号_____共_____组,

未拉开接地刀闸编号_____共 _____副(台),已汇报调度值班员。

工作许可人签名_____ _____年_____月_____日_____时_____分

16. 备注

(1)指定专责监护人_____ 负责监护_____

_____（地点及具体工作）

（2）其他事项目_____

_____

_____

_____

B 变电站（发电厂）第二种工作票格式

变电站（发电厂）第二种工作票

单位_____ 编号_____

1. 工作负责人（监护人）_____ 班组_____

2. 工作班人员（不包括工作负责人）

_____

_____共_____人。

3. 工作的变配电站名称

_____

4. 工作任务

工作地点及设备双重名称	工作内容

5. 计划工作时间

自_____年_____月_____日_____时_____分

至_____年_____月_____日_____时_____分

6. 工作条件（停电或不停电，或邻近及保留带电设备名称）

_____

_____

_____

7. 注意事项（安全措施）

_____

_____

_____

工作票签发人签名_____ _____年_____月_____日_____时_____分

工作票会签人签名_____ _____年_____月_____日_____时_____分

8. 补充安全措施(工作许可人填写)

_____

_____

9. 确认本工作票 1 ~ 8 项

许可工作时间:_____年_____月_____日_____时_____分

工作许可人签名_____ 工作负责人签名_____

10. 本次工作危险点分析及防范措施(由工作负责人填写)

工作中存在的危险点	防范措施

11. 确认工作负责人布置的工作任务、安全措施和危险点及防范措施

工作班人员签名

_____

_____

12. 工作票延期

有效期延长到_____年_____月_____日_____时_____分

工作负责人签名_____ _____年_____月_____日_____时_____分

工作许可人签名_____ _____年_____月_____日_____时_____分

13. 工作负责人变动情况

原工作负责人_____离去,变更_____为工作负责人

工作票签发人_____ _____年_____月_____日_____时_____分

工作人员变动情况(变动人员姓名、变动日期及时间):

_____工作负责人签名_____

14. 每日开工和收工时间(使用一天的工作票不必填写)

收工时间				工作负责人	工作许可人	开工时间				工作许可人	工作负责人
月	日	时	分			月	日	时	分		

15. 工作票终结

全部工作于＿＿＿＿＿年＿＿＿＿＿月＿＿＿＿＿日＿＿＿＿＿时＿＿＿＿＿分结束,工作人员已全部撤离,材料工具已清理完毕。

工作负责人签名＿＿＿＿＿　＿＿＿＿＿年＿＿＿＿＿月＿＿＿＿＿日＿＿＿＿＿时＿＿＿＿＿分

工作许可人签名＿＿＿＿＿　＿＿＿＿＿年＿＿＿＿＿月＿＿＿＿＿日＿＿＿＿＿时＿＿＿＿＿分

16. 备注

＿＿＿

＿＿＿

C　变电站(发电厂)带电作业工作票格式

变电站(发电厂)带电作业工作票

单位＿＿＿＿＿＿＿＿　编号＿＿＿＿＿＿＿＿

1. 工作负责人(监护人)＿＿＿＿＿　班组＿＿＿＿＿

2. 工作班人员(不包括工作负责人)

＿＿＿

＿＿＿＿＿＿＿＿＿＿＿＿＿＿＿＿＿＿＿＿＿＿＿＿＿＿＿＿＿＿共＿＿＿＿＿人。

3. 工作的变配电站名称

＿＿＿

4. 工作任务

工作地点及设备双重名称	工作内容

5. 计划工作时间

自＿＿＿＿＿年＿＿＿＿＿月＿＿＿＿＿日＿＿＿＿＿时＿＿＿＿＿分

至＿＿＿＿＿年＿＿＿＿＿月＿＿＿＿＿日＿＿＿＿＿时＿＿＿＿＿分

6. 工作条件(等电位、中间电位或地电位作业,或邻近带电设备名称)

＿＿＿

＿＿＿

＿＿＿

7. 注意事项(安全措施)

＿＿＿

＿＿＿

工作票签发人签名_____ 年_____ 月_____ 日_____ 时_____ 分

8. 确认本工作票 1~7 项　　工作负责人签名_____

9. 指定_____为专责监护人　　　　专责监护人签名_____

10. 补充安全措施(工作负责人填写)

_____

_____

_____

11. 许可工作时间

_____年_____ 月_____ 日_____ 时_____ 分

工作许可人签名_____ 工作负责人签名_____

12. 本次工作危险点分析及防范措施(由工作负责人填写)

工作中存在的危险点	防范措施

13. 确认工作负责人布置的工作任务、安全措施和危险点及防范措施

工作班组人员签名

_____

_____

14. 每日开工和收工时间(使用一天的工作票不必填写)

收工时间				工作负责人	工作许可人	开工时间				工作许可人	工作负责人
月	日	时	分			月	日	时	分		

15. 工作票终结

全部工作于_____年_____ 月_____ 日_____ 时_____ 分结束,工作人员已全部撤离,材料工具清理完毕。

工作负责人签名_____ 工作许可人签名_____

16. 备注

_____

_____

_____

D 变电站(发电厂)事故应急抢修单格式

变电站(发电厂)事故应急抢修单

单位 _____ 编号 _____

1. 抢修工作负责人(监护人) _____ 班组 _____

2. 抢修班人员(不包括抢修工作负责人)

_____ 共 _____ 人。

3. 抢修任务(抢修地点和抢修内容)

_____

_____

4. 安全措施

_____

_____

_____

5. 抢修地点保留带电部分或注意事项

_____

_____

6. 上述 1~5 项由抢修工作负责人 _____ 根据抢修任务布置人 _____ 的布置填写。

7. 经现场勘察需补充下列安全措施

_____

_____

经许可人(调度/运行人员) _____ 同意(_____ 月 _____ 日 _____ 时 _____ 分)后,已执行。

8. 许可抢修时间

_____ 年 _____ 月 _____ 日 _____ 时 _____ 分

许可人(调度/运行人员) _____

9. 抢修结束汇报

本抢修工作于 _____ 年 _____ 月 _____ 日 _____ 时 _____ 分结束。

现场设备状况及保留安全措施: _____

_____

抢修班人员已全部撤离,材料工具已清理完毕,事故应急抢修单已终结。

抢修工作负责人 _____ 许可人(调度/运行人员) _____

填写时间 _____ 年 _____ 月 _____ 日 _____ 时 _____ 分

E 电力线路第一种工作票格式

电力线路第一种工作票

单位_____停电申请单编号_____编号_____

1. 工作负责人(监护人)_____班组_____

2. 工作班人员(不包括工作负责人)

_____

_____共_____人。

3. 工作的线路或设备双重名称(多回路应注明双重称号、色标)

_____

4. 工作任务

工作地点或地段 (注明分、支线路名称、线路的起止杆号)	工作内容

5. 计划工作时间

自_____年_____月_____日_____时_____分

至_____年_____月_____日_____时_____分

6. 安全措施(必要时可附页绘图说明,红色表示有电)

6.1 应改为检修状态的线路间隔名称和应拉开的断路器(开关)、隔离开关(刀闸)、熔断器(保险)(包括分支线、用户线路和配合停电线路):_____

_____

6.2 保留或邻近的带电线路、设备:_____

_____

6.3 其他安全措施和注意事项:_____

_____

_____

6.4 应挂的接地线,共_____组

线路名称					
杆号					
接地线编号					

工作票签发人签名_____ _____年_____月_____日_____时_____分

工作票会签人签名_____ _____年_____月_____日_____时_____分

工作负责人签名_____ _____年_____月_____日_____时_____分收到工作票

7.确认本工作票1～6项,许可工作开始

许可方式	许可人	许可开始工作时间					工作负责人签名
		年	月	日	时	分	

8.本次工作危险点分析及防范措施(由工作负责人填写)

工作中存在的危险点	防范措施

9.确认工作负责人布置的工作任务、安全措施和危险点及防范措施

工作班组人员签名

_____

_____

10.工作负责人变动情况

原工作负责人_____离去,变更_____为工作负责人

工作票签发人_____ _____年_____月_____日_____时_____分

工作人员变动情况(变动人员姓名、变动日期及时间):

_____

_____

工作负责人签名_____

11.工作票延期

有效期延长到_____年_____月_____日_____时_____分

工作负责人签名_____ _____年_____月_____日_____时_____分

工作许可人_____ _____年_____月_____日_____时_____分

12.每日开工和收工时间(使用一天的工作票不必填写)

收工时间				工作负责人	开工时间				工作负责人
月	日	时	分		月	日	时	分	

13.工作票终结

13.1 现场所挂的接地线编号_____共_____组,已全部拆除、带回。

13.2 工作终结报告

终结报告的方式	工作负责人签名	终结报告时间					许可人
		年	月	日	时	分	

14. 备注

(1)指定专责监护人及负责监护地点及具体工作:

_____

(2)其他事项目:

_____

_____

F 电力线路第二种工作票格式

电力线路第二种工作票

单位_____ 编号_____

1. 工作负责人(监护人)_____班组_____

2. 工作班人员(不包括工作负责人)

_____

_____共_____人。

3. 工作任务

线路或设备名称	工作地点、范围	工作内容

4. 计划工作时间

自_____年_____月_____日_____时_____分

至_____年_____月_____日_____时_____分

5. 注意事项(安全措施)

_____

_____

工作票签发人签名_____ _____年_____月_____日_____时_____分

工作票会签人签名_____ _____年_____月_____日_____时_____分

工作负责人签名_____ _____年_____月_____日_____时_____分

137

6. 本次工作危险点分析及防范措施(由工作负责人填写)

工作中存在的危险点	防范措施

7. 确认工作负责人布置的工作任务、安全措施和危险点及防范措施

工作班组人员签名:

_____

_____

_____

8. 工作开始时间:_____年_____月_____日_____时_____分

工作负责人签名_____

工作完工时间:_____年_____月_____日_____时_____分

工作负责人签名_____

9. 工作负责人变动情况

原工作负责人_____离去,变更_____为工作负责人

工作票签发人_____ _____年_____月_____日_____时_____分

工作人员变动情况(变动人员姓名、变动日期及时间):

_____

_____

_____

工作负责人签名_____

10. 每日开工和收工时间(使用一天的工作票不必填写)

收工时间				工作负责人	开工时间				工作负责人
月	日	时	分		月	日	时	分	

11. 备注

_____

_____

_____

G　电力线路带电作业工作票格式

电力线路带电作业工作票

单位_____　编号_____

1. 工作负责人(监护人)_____班组_____
2. 工作班人员(不包括工作负责人)

_____共_____人。

3. 工作任务

线路或设备名称	工作地点、范围	工作内容

4. 计划工作时间

自_____年_____月_____日_____时_____分

至_____年_____月_____日_____时_____分

5. 停用重合闸线路(应写双重名称)

_____

_____

_____

6. 工作条件(等电位、中间电位或地电位作业,或邻近带电设备名称)

_____

_____

_____

7. 注意事项(安全措施)

_____

_____

_____

工作票签发人签名_____　_____年_____月_____日_____时_____分

8. 确认本工作票1~7项

工作负责人签名_____

9. 工作许可:

调度许可人(联系人):_____

工作负责人签名_____　_____年_____月_____日_____时_____分

10. 指定_____为专责监护人　专责监护人签名_____

11. 补充安全措施(工作负责人填写)

_____

_____

_____

12. 本次工作危险点分析及防范措施(由工作负责人填写)

工作中存在的危险点	防范措施

13. 确认工作负责人布置的工作任务、安全措施和危险点及防范措施
工作班人员签名:

_____

_____

14. 每日开工和收工时间(使用一天的工作票不必填写)

收工时间				工作负责人	工作许可人	开工时间				工作许可人	工作负责人
月	日	时	分			月	日	时	分		

15. 工作终结汇报调度许可人(联系人) _____
工作负责人签名_____ _____年_____月_____日_____时_____分

16. 备注

_____

_____

_____

H 电力线路事故应急抢修单格式

电力线路事故应急抢修单

单位_____ 编号_____

1. 抢修工作负责人(监护人)_____班组_____

2. 抢修班人员(不包括抢修工作负责人)

_____共_____人。

3. 抢修任务(抢修地点和抢修内容)

_____

_____

4. 安全措施

_____

_____

_____

5. 抢修地点保留带电部分或注意事项

_____

_____

6. 上述 1~5 项由抢修工作负责人_____根据抢修任务和布置人_____的布置填写。

7. 经现场勘察需补充下列安全措施

_____

_____

经许可人(调度/运行人员)_____同意(_____月_____日_____时_____分)后,已执行。

8. 许可抢修时间
_____年_____月_____日_____时_____分许可人(调度/运行人员)

9. 抢修结束汇报
本抢修工作于_____年_____月_____日_____时_____分结束。

现场设备状况及保留安全措施:_____

_____

_____

抢修班人员已全部撤离,材料工具已清理完毕,事故应急抢修单已终结。

抢修工作负责人_____许可人(调度/运行人员)_____

填写时间_____年_____月_____日_____时_____分

I 电力电缆第一种工作票格式

电力电缆第一种工作票

单位_____停电申请单编号_____编号_____

1. 工作负责人(监护人)_____班组_____
2. 工作班人员(不包括工作负责人)

_____

_____共_____人。

3. 电力电缆双重名称_____

4. 工作任务

工作地点或地段	工作内容

5. 计划工作时间

自_____年_____月_____日_____时_____分

至_____年_____月_____日_____时_____分

6. 安全措施(必要时可附页绘图说明,红色表示有电)

6.1 变配电站(A)名称:

应拉断路器(开关)、隔离开关(刀闸)	已执行*
应装接地线、应合接地刀闸(注明确切地点、名称及接地线编号*)	已执行*
应设遮栏、应挂标示牌及防止二次回路误碰等措施	已执行*

*已执行栏目及接地线编号由工作许可人填写。

工作地点保留带电部分或注意事项(由工作票签发人填写)	补充工作地点保留带电部分和安全措施(由工作许可人填写)

6.2　变配电站(B)名称：

应拉断路器(开关)、隔离开关(刀闸)	已执行*
应装接地线、应合接地刀闸(注明确切地点、名称及接地线编号*)	已执行*
应设遮栏、应挂标示牌及防止二次回路误碰等措施	已执行*

*已执行栏目及接地线编号由工作许可人填写。

工作地点保留带电部分或注意事项(由工作票签发人填写)	补充工作地点保留带电部分和安全措施(由工作许可人填写)

6.3　线路名称(双重名称)：

(1) 应改为检修状态的线路间隔名称和应拉开的断路器(开关)、隔离开关(刀闸)、熔断器(保险)(包括分支线、用户线路和配合停电线路)：＿＿＿＿＿＿＿＿＿＿＿＿＿＿＿＿＿

＿＿

(2)保留或邻近的带电线路、设备：＿＿＿＿＿＿＿＿＿＿＿＿＿＿＿＿＿＿＿＿＿＿

＿＿

(3) 其他安全措施和注意事项：＿＿＿＿＿＿＿＿＿＿＿＿＿＿＿＿＿＿＿＿＿＿＿＿

＿＿

（4）应挂的接地线,共_____组

线路名称					
杆号					
接地线编号					

工作票签发人签名_____ _____年_____月_____日_____时_____分

工作票会签人签名_____ _____年_____月_____日_____时_____分

工作票会签人签名_____ _____年_____月_____日_____时_____分

7. 确认本工作票 1~6 项　　　工作负责人签名_____

8. 补充安全措施

_____

_____

_____

工作负责人签名_____

9. 工作许可

（1）线路：

工作许可人_____用_____方式许可自_____年_____月_____日_____时_____分起开始工作。工作负责人签名_____

（2）变配电站（A）：

工作许可时间_____年_____月_____日_____时_____分。

工作许可人签名_____工作负责人签名_____

（3）变配电站（B）：

工作许可时间_____年_____月_____日_____时_____分。

工作许可人签名_____工作负责人签名_____

10. 本次工作危险点分析及防范措施（由工作负责人填写）

工作中存在的危险点	防范措施

11. 确认工作负责人布置的工作任务、安全措施和危险点及防范措施

工作班组人员签名

_____

_____

_____

12. 每日开工和收工时间(使用一天的工作票不必填写)

收工时间				工作负责人	工作许可人	开工时间				工作许可人	工作负责人
月	日	时	分			月	日	时	分		
					/					/	
					/					/	
					/					/	
					/					/	
					/					/	

13. 工作票延期

有效期延长到＿＿＿＿年＿＿＿＿月＿＿＿＿日＿＿＿＿时＿＿＿＿分

工作负责人＿＿＿＿　＿＿＿＿年＿＿＿＿月＿＿＿＿日＿＿＿＿时＿＿＿＿分

(1)线路工作许可人＿＿＿＿　＿＿＿＿年＿＿＿＿月＿＿＿＿日＿＿＿＿时＿＿＿＿分

(2)变配电站(A)工作许可人＿＿＿＿　＿＿＿＿年＿＿＿＿月＿＿＿＿日＿＿＿＿时＿＿＿＿分

(3)变配电站(B)工作许可人＿＿＿＿　＿＿＿＿年＿＿＿＿月＿＿＿＿日＿＿＿＿时＿＿＿＿分

14. 工作负责人变动

原工作负责人＿＿＿＿离去,变更＿＿＿＿为工作负责人。

工作票签发人＿＿＿＿　＿＿＿＿年＿＿＿＿月＿＿＿＿日＿＿＿＿时＿＿＿＿分

15. 工作人员变动(变动人员姓名、变动日期及时间)

＿＿＿＿＿＿＿＿＿＿＿＿＿＿＿＿＿＿＿＿＿＿＿＿＿＿＿＿＿＿＿＿＿＿＿＿＿＿＿

＿＿＿＿＿＿＿＿＿＿＿＿＿＿＿＿＿＿＿＿＿＿＿＿＿＿＿＿＿＿＿＿＿＿＿＿＿＿＿

工作负责人签名＿＿＿＿＿

16. 工作终结

(1)线路:工作人员已全部撤离,材料工具已清理完毕,工作终结;所装的工作接地线共＿＿＿＿副已全部拆除,于＿＿＿＿年＿＿＿＿月＿＿＿＿日＿＿＿＿时＿＿＿＿分,工作负责人向工作许可人＿＿＿＿用＿＿＿＿方式汇报。

工作负责人签名＿＿＿＿＿

(2)变配电站(A):工作于＿＿＿＿年＿＿＿＿月＿＿＿＿日＿＿＿＿时＿＿＿＿分结束,设备及安全措施已恢复至开工前状态,工作人员已全部撤离,材料工具已清理完毕。

工作许可人签名＿＿＿＿＿　　　　　　　　　　工作负责人签名＿＿＿＿＿

(3)变配电站(B):工作于＿＿＿＿年＿＿＿＿月＿＿＿＿日＿＿＿＿时＿＿＿＿分结束,设备及安全措施已恢复至开工前状态,工作人员已全部撤离,材料工具已清理完毕。

工作许可人签名＿＿＿＿＿　　　　　　　　　　工作负责人签名＿＿＿＿＿

17. 工作票终结

(1)变配电站(A):临时遮栏、标示牌已拆除,常设遮栏已恢复;

已拆除的接地线编号＿＿＿＿＿＿＿＿＿＿＿＿＿＿＿＿＿＿＿＿＿共＿＿＿＿组,

已拉开接地刀闸编号_____共_____副(台)。

未拆除的接地线编号_____共_____组,

未拉开接地刀闸编号_____共_____副(台),已汇报调度值班员。

工作许可人签名_____年_____月_____日_____时_____分

(2)变配电站(B):临时遮栏、标示牌已拆除,常设遮栏已恢复;

已拆除的接地线编号_____共_____组,

已拉开接地刀闸编号_____共_____副(台)。

未拆除的接地线编号_____共_____组,

未拉开接地刀闸编号_____共_____副(台),已汇报调度值班员。

工作许可人签名_____年_____月_____日_____时_____分

18.备注

(1)指定专责监护人_____负责监护_____

_____(地点及具体工作)

(2)其他事项:_____

_____

_____

J 电力电缆第二种工作票格式

电力电缆第二种工作票

单位_____ 编号_____

1.工作负责人(监护人)_____班组_____

2.工作班人员(不包括工作负责人)

_____

_____共_____人。

3.工作任务

电力电缆双重名称	工作地点或地段	工作内容

4.计划工作时间

自_____年_____月_____日_____时_____分

至_____年_____月_____日_____时_____分

5.工作条件和安全措施

_____

_____

_____

工作票签发人签名_____ _____年_____月_____日_____时_____分

工作票会签人签名_____ _____年_____月_____日_____时_____分

6. 确认本工作票 1~5 项内容 工作负责人签名_____

7. 补充安全措施(工作负责人填写)

_____

_____

_____

工作负责人签名_____

8. 工作许可

(1)在变电站或发电厂内的电缆工作:

安全措施项所列措施中_____(变配电站/发电厂)部分,已执行完毕。

许可自_____年_____月_____日_____时_____分起开始工作。

工作许可人签名_____ 工作负责人签名_____

(2)在线路上的电缆工作:工作开始时间_____年_____月_____日_____时_____分。工作负责人签名_____

9. 本次工作危险点分析及防范措施(由工作负责人填写)

工作中存在的危险点	防范措施

10. 确认工作负责人布置的工作任务、安全措施和危险点及防范措施

工作班人员签名

_____

_____

_____

11. 工作票延期

有效期延长到_____年_____月_____日_____时_____分

工作负责人签名_____ _____年_____月_____日_____时_____分

工作许可人签名_____ _____年_____月_____日_____时_____分

12. 工作负责人变动

原工作负责人_____离去,变更_____为工作负责人。

工作票签发人签名_____ _____年_____月_____日_____时_____分

13. 每日开工和收工时间(使用一天的工作票不必填写)

收工时间				工作 负责人	工作 许可人	开工时间				工作 许可人	工作 负责人
月	日	时	分			月	日	时	分		

14. 工作票终结

(1)在线路上的电缆工作:

工作结束时间_____年_____月_____日_____时_____分

工作负责人签名_____

(2)在变配电站或发电厂内的电缆工作:

在_____(变配电站/发电厂)工作于_____年_____月_____日_____时_____分结束,工作人员已全部退出,材料工具已清理完毕。

工作许可人签名_____   工作负责人签名_____

15. 备注

_____

_____

_____

附录四
MATLAB/SIMULINK 软件简介

MATLAB 是由美国 MathWorks 公司开发的大型软件。MATLAB 是由 MATrix 和 LABorato-ry 两词的前三个字母组合而成。在该软件中,包括了数学计算和工程仿真两大部分。其数学计算部分提供了强大的矩阵处理和绘图功能。在工程仿真方面,MATLAB 提供的软件支持几乎遍布各个工程领域,而且不断加以完善。

MATLAB 以商品形式出现后,短短几年时间,就以良好的开放性和运行的可靠性,使原先控制领域里的封闭式软件包纷纷被淘汰,而改以 MATLAB 为平台加以重建。进入 20 世纪 90 年代,MATLAB 已经成为国际控制界公认的标准计算软件。到 90 年代初期,在国际上三十几个数学类科技应用软件中,MATLAB 在数值计算方面独占鳌头,一度受到学生的欢迎。

该软件的特点如下:

(1)此高级语言可用于技术计算。

(2)此开发环境可对代码、文件和数据进行管理。

(3)交互式工具可以按迭代的方式探查、设计及求解问题。

(4) 数学函数可用于线性代数、统计、傅里叶分析、筛选、优化以及数值积分等。

(5)二维和三维图形函数可用于可视化数据。

(6)各种工具可用于构建自定义的图形用户界面。

(7)各种函数可将基于 MATLAB 的算法与外部应用程序和语言(如 C、C + + 、Fortran、Java、COM 以及 Microsoft Excel)集成。

应用软件开发(包括用户界面)在开发环境中,使用户更方便地控制多个文件和图形窗口;在编程方面支持了函数嵌套,有条件中断等;在图形化方面,有了更强大的图形标注和处理功能;在输入输出方面,可以直接向 Excel 和 HDF5 进行连接。

MATLAB 系列软件还推出了 Simulink。这是一个交互式操作的动态系统建模、仿真、分析集成环境。它的出现使人们有可能考虑许多以前不得不做简化假设的非线性因素、随机因素,从而大大提高了人们对非线性、随机动态系统的认知能力。

在 Simulink 环境中,利用鼠标就可以在模型窗口中直观地"画"出系统模型,然后直接进行仿真。它为用户提供了方框图进行建模的图形接口,采用这种结构画模型就像用户用手和纸来画一样容易。它与传统的仿真软件包微分方程和差分方程建模相比,具有更直观、方便、灵活的优点。Simulink 模块库提供了丰富的描述系统特性的典型环节,有信号源模块库(Source),接收模块库(Sinks),连续系统模块库(Continuous),离散系统模块库(Discrete),非连续系统模块库(Signal Routing),信号属性模块库(Signal Attributes),数学运算模块库(Math Operations),逻辑和位操作库(Logic and Bit Operations)等,此外还有一些特定学科仿真的工具箱。用户也可以定制和创建用户自己的模块。用 Simulink 创建的模型可以具有递阶结构,因此用户可以采用从上到下或从下到上的结构创建模型。在定义完一个模型后,用户可以通过 Simulink 的菜单或 MATLAB 的命令窗口键入命令来对它进行仿真。采用 SCOPE 模块和其他的画图模块,在仿真进行的同时,就可观看到仿真结果。除此之外,用户还可以在改变参数后来迅速观看系统中发生的变化情况。仿真的结果还可以存放到 MATLAB 的工作空间里做事后处理。模型分析工具包括线性化和平衡点分析工具、MATLAB 的许多工具及 MATLAB 的应用工具箱。由于 MATLAB 和 Simulink 集成在一起,因此用户可以在这两种环境下对自己的模型进行仿真、分析和修改。

Simulink 支持连续、离散以及两者混合的线性和非线性系统,同时它也支持具有不同部分拥有不同采样率的多种采样速率的仿真系统,其下提供了丰富的仿真模块。其主要功能是实现动态系统建模、方针与分析,可以预先对系统进行仿真分析,按仿真的最佳效果来调试及整定控制系统的参数。Simulink 仿真与分析的主要步骤按先后顺序为:从模块库中选择所需要的基本功能模块,建立结构图模型,设置仿真参数,进行动态仿真并观看输出结果,针对输出结果进行分析和比较。

Simulink 为用户提供了一个图形化的用户界面(GUI)。对于用方框图表示的系统,通过图形界面,利用鼠标单击和拖拉方式,建立系统模型就像用铅笔在纸上绘制系统的方框图一样简单。用微分方程和差分方程建模的传统仿真软件包相比,Simulink 具有更直观、更方便、更灵活的优点。不但实现了可视化的动态仿真,也实现了与 MATLAB、C 或者 FORTRAN 语言,甚至和硬件之间的数据传递,大大扩展了它的功能。

附表 4.1　SIMULINK 仿真所用模块

模块名称	模块来源
Sine Wave	Simulink/Sources 模块库
Add	Simulink/Math Operation 模块库
Scope	Simulink/Commonly Used Blocks 模块库
Powergui	Simpower Systems/Specialized Technology 模块库
AC Voltage	Simulink 中 Simscape/Foundation Library/Electrical/Electrical Sources 模块库
Three-phase Source	Simulink/SimPowerSystems/Specialized Technology/Electrical Sources 模块库
Three-phase Transformer	Simulink/SimPowerSystems/Specialized Technology/Elements 模块库
Three-phase Breaker	Simulink/SimPowerSystems/Specialized Technology/Elements 模块库
Three-phase Parallel RLC Load	Simulink/SimPowerSystems/Specialized Technology/Elements 模块库
Three-phase Fault	Simulink/SimPowerSystems/Specialized Technology/Elements 模块库
Three-phase Series RLC Load	Simulink/SimPowerSystems/Specialized Technology/Elements 模块库
Current/Voltage Measurement	Simulink/SimPowerSystems/Specialized Technology/ Machines/Measurements 模块库

参考文献

[1] 肖湘宁.电能质量分析与控制[M].北京:中国电力出版社,2015.

[2] 何学农.现代电能质量测量技术[M].北京:中国电力出版社,2014.

[3] FLUKE 电气测试与电能测量产品样本[M].FLUKE 内部参考资料,2011.

[4] 于群,等.MATLAB/Simulink 电力系统建模与仿真[M].北京:机械工业出版社,2011.

[5] 韩学山,张文.电力工程基础[M].北京:机械工业出版社,2008.

[6] 周志敏,纪爱华.风光互补发电实用技术——工程设计 安装调试 运行维护[M].北京:电子工业出版社,2011.

[7] 惠晶.新能源发电与控制技术[M].2 版 北京:机械工业出版社,2012.

[8] 武汉华大电自风光互补实训内部资料[M].武汉:华大电力自动技术有限责任公司,2013.

[9] 李炳泉,张海丽.单元机组集控运行[M].北京:北京理工大学出版社,2014.

[10] 陈庚.单元机组集控运行[M].北京:中国电力出版社,2001.

[11] 孙雅明.电力系统自动装置[M].北京:水利电力出版社,1990.

[12] 韩富春.电力系统自动化技术[M].北京:中国水利电力出版社,2003.

[13] 国家电网公司电力安全工作规程(变电站和发电厂电气部分).北京:中国电力出版社.

[14] 魏学业,等.光伏发电技术及其应用[M].北京:机械工业出版社,2013.

[15] 宗士杰,黄梅.发电厂电气设备及运行[M].北京:中国电力出版社,2008.

[16] 康尼风光互补设备实训指导(内部资料).南京康尼公司,2013.